Procreate风景绘画，这本就够了

YOTO 著

人民邮电出版社

北 京

图书在版编目（CIP）数据

Procreate风景绘画，这本就够了 / YOTO著. -- 北京 ： 人民邮电出版社，2024.3
ISBN 978-7-115-62751-3

Ⅰ. ①P… Ⅱ. ①Y… Ⅲ. ①图像处理软件－教材
Ⅳ. ①TP391.413

中国国家版本馆CIP数据核字(2023)第193852号

内 容 提 要

本书是基于Procreate软件的风景绘画教程，框架完整，内容丰富，细致入微，配有图文步骤和绘画过程视频，是iPad风景绘画入门书籍。

本书共5章。第1章对Procreate软件高频使用的功能进行讲解。第2章按照画前、画中、画后的顺序梳理绘画流程，搭建绘画练习和创作的框架。第3章至第5章将理论和实践相结合，其中第3章对风景绘画中常见元素进行拆解，带着读者逐个攻破，第4章、第5章分别从透视和光影的角度来分析不同风景的画法，每章都会示范如何将理论知识呈现在画面中，保证绘画理论的落地和强化。

本书适合对插画感兴趣的读者学习，也可以作为插画师绘画时翻阅的参考资料。

◆ 著   YOTO
    责任编辑   魏夏莹
    责任印制   周昇亮

◆ 人民邮电出版社出版发行   北京市丰台区成寿寺路 11 号
    邮编   100164   电子邮件   315@ptpress.com.cn
    网址   https://www.ptpress.com.cn
    北京捷迅佳彩印刷有限公司印刷

◆ 开本：787×1092   1/16
    印张：14   2024 年 3 月第 1 版
    字数：358 千字   2024 年 10 月北京第 2 次印刷

定价：99.00 元

读者服务热线：(010)81055296   印装质量热线：(010)81055316
反盗版热线：(010)81055315
广告经营许可证：京东市监广登字 20170147 号

前言

我从纸面绘画转到 iPad 绘画已 3 年有余，常常感叹"懒人配科技，激发新活力"。当初画水彩画时，总需要烦琐的工具准备，在铺色时一遍遍慢慢地等干，如今在 iPad 上提笔就画，有错就撤回，绘画渐渐变成了一件简单的事。

习惯用 iPad 画画后，我开始迷恋风景绘画，尝试在风景中捕捉风的力量和光的变化，用画笔讲述故事、表达情绪。记得在新疆旅行时，绮丽风景美到令人不忍眨眼，我用手机拍了很多照片和视频。回家很长一段时间后，拿出曾经拍下的素材，依然可以画下当初看美景的心情，画出阳光落在广袤无垠的土地上，落落大方地展示它的旖旎，可以想象自己在草地上奔跑，没过脚的草肆意生长。绘画真是神奇呀，脚步丈量过的地方，用画笔就可以重现它的美好；脚步无法到达的地方，用画笔也可以描绘出自己的想象。

因此，本书是我风景绘画的经验总结。我将通过绘画理论框架搭建和教程分享，让大家掌握风景绘画的思路和方法，从而帮助大家准确表现出想要绘制的风景。当然，读万卷书不如行万里路，希望大家看完本书后拿起 iPad，出门捕捉好风光。

写书的这一年是非常难忘的一年，就像是十月怀胎一样，不同的是，我经常"难产"到夜半三更。写书过程中的感受也很复杂，总结来说应该是成就感伴随焦虑、疲倦。本已做好最坏的打算，可总有一些朋友关心我的书写得怎么样了，"众目睽睽"之下，还是打起精神写完了本书。

在纪录片《宫崎骏：十年一梦》中，看着头发花白、胡子一大把的宫崎骏一边抓狂一边创作，深有感触，虽然我的书稿和他的伟大作品比起来不值一提，但是他对自己事业的热爱，对创作一丝不苟的态度真的让我敬佩，也让我在写作过程中保持初心，全面完整地总结经验，细致地打磨本书，希望我在十年后翻起本书，依然问心无愧。

油头大姐

2023 年 12 月

目录 CONTENTS

007

第1章
Procreate 软件入门

1.1 工具准备 009

1.2 软件界面认识 010
    1.2.1 绘画界面认识 010
    1.2.2 画前预设 010

1.3 颜色、画笔和橡皮、涂抹 013
    1.3.1 颜色 013
    1.3.2 画笔和橡皮 013
    1.3.3 涂抹 014

1.4 图层工具 015
    1.4.1 图层的一般应用 015
    1.4.2 阿尔法锁定、剪辑蒙版 016
    1.4.3 图层不透明度及模式 017

1.5 变形变换工具与选取工具 018
    1.5.1 变形变换工具 018
    1.5.2 选取工具 019

1.6 调整工具 021
    1.6.1 色彩调整工具 021
    1.6.2 模糊工具 023
    1.6.3 质感提升工具 023

025

第2章
风景绘画概论

2.1 分析 027
    2.1.1 构图 027
    2.1.2 光影 036
    2.1.3 色彩 044

2.2 线稿 051
    2.2.1 趋势 051
    2.2.2 概括 053
    2.2.3 完成度 054

2.3 线稿验证 055

2.4 小色稿 056

2.5 色稿验证 059

2.6 上色与细化 060

2.7 整理与归纳 064

065

第 3 章
风景的构成要素

3.1 云 066
3.1.1 天空色彩分析 066
3.1.2 云的造型用色分析 068
3.1.3 Procreate 绘画步骤示范 074
3.1.4 作品赏析 079

3.2 树 080
3.2.1 单棵树的造型用色分析 080
3.2.2 树林的造型用色分析 086
3.2.3 Procreate 绘画步骤示范 088
3.2.4 作品赏析 094

3.3 草地 095
3.3.1 草丛的造型用色分析 095
3.3.2 草地的造型用色分析 097
3.3.3 Procreate 绘画步骤示范 101
3.3.4 作品赏析 106

3.4 水 107
3.4.1 海水的造型用色分析 107
3.4.2 Procreate 绘画步骤示范——海水 .. 111
3.4.3 湖水的造型用色分析 116
3.4.4 Procreate 绘画步骤示范——湖水 .. 122
3.4.5 作品赏析 127

3.5 山 128
3.5.1 山的造型用色分析 128
3.5.2 Procreate 绘画步骤示范 132
3.5.3 作品赏析 138

3.6 人物 139
3.6.1 人体的结构、比例认识 141
3.6.2 静态站姿人体绘画示范 142
3.6.3 静态坐姿人体绘画示范 143
3.6.4 动态人体绘画示范 144

3.7 动物 144
3.7.1 风景中动物的绘制思路 144
3.7.2 动物的正比例绘画示范 150
3.7.3 动物的变形绘画示范 153

154

第 4 章
风景中的透视应用

4.1 一点透视 **157**
    4.1.1 一点透视的原理和应用 157
    4.1.2 Procreate 绘画步骤示范 158
    4.1.3 作品赏析 164

4.2 二点透视 **165**
    4.2.1 二点透视的原理和应用 165
    4.2.2 Procreate 绘画步骤示范 166
    4.2.3 作品赏析 172

4.3 三点透视 **173**
    4.3.1 三点透视的原理和应用 173
    4.3.2 Procreate 绘画步骤示范 174
    4.3.3 作品赏析 180

182

第 5 章
风景中的光影表达

5.1 晴天光影 **183**
    5.1.1 晴天光影特点及表现手法 183
    5.1.2 Procreate 绘画步骤示范 190
    5.1.3 作品赏析 196

5.2 阴天光影 **197**
    5.2.1 阴天光影特点及表现手法 197
    5.2.2 Procreate 绘画步骤示范 201
    5.2.3 作品赏析 206

5.3 夜晚光影 **207**
    5.3.1 夜晚光影特点及表现手法 207
    5.3.2 Procreate 绘画步骤示范 214
    5.3.3 作品赏析 224

第 1 章

Procreate 软件入门

2011年3月8日，由开发团队Savage Interactive设计的绘画软件Procreate正式推出。伴随着每次更新，Procreate会同步更新官方的使用手册和教程。

打开Procreate后，点击初始界面右上方的"+"，选择一个任意尺寸的画布打开，进入绘画界面，点击"操作"－"帮助"，就可以看见"Procreate使用手册"和"Procreate新手攻略"。

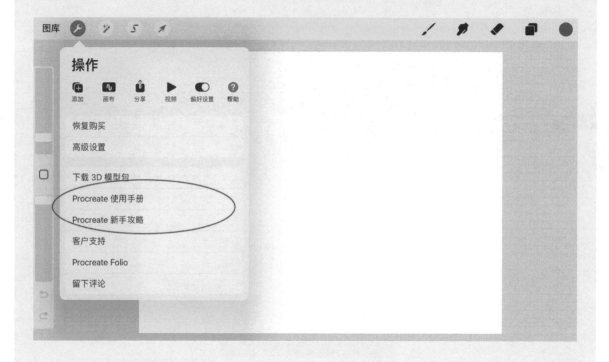

Procreate使用手册就像产品说明书，详尽但枯燥。Procreate新手攻略以视频课程形式展现Procreate各功能的使用，有趣但缺乏针对性。

本章仅摘选出常用且高效的软件功能进行重点讲解，带领读者入门Procreate。

1.1　工具准备

看看哪款 iPad 适合你

高端、顶配	中端、生产力	便宜、基础	便携、便宜
iPad Pro	iPad Air	iPad	iPad mini

iPad

笔者选择的是 iPad Air 系列，搭配 256G 的存储空间，一年使用下来也出现过卡顿的情况，但总体还算流畅。在预算有限的情况下，可尽量选择最新发布的 iPad 系列款式和较大的存储空间。如果预算足够，就选择 iPad Pro 系列。

Apple Pencil

Apple Pencil 对 iPad 绘画来讲就是马良的神笔，它独有的压感设计是其他电容笔无法比拟的。

尽管平替电容笔层出不穷，但是笔者至今都没有体验到过一支像 Apple Pencil 一样灵活的电容笔。如果你有时间尝试，不妨下单一个有运费险的电容笔体验几天，再决定去留。

Procreate 软件

在 App Store 上搜索 Procreate 软件并进行购买即可。

绘画辅助工具

iPad 可以不贴膜，如果怕刮花屏幕，可以贴张钢化膜。

此外，类纸膜有助于绘画控笔，但影响屏幕清晰度，且对笔尖磨损大，可以酌情选择。

1.2 软件界面认识

1.2.1 绘画界面认识

在右图所示的绘画界面中，黄区是绘图工具区，红区是高级功能区，绿区是侧栏区。各工具的具体应用见后续章节，也可结合"Procreate 使用手册"详细了解。

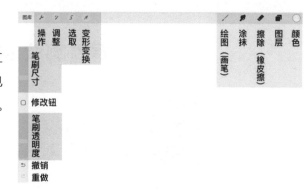

1.2.2 画前预设

新建画布

在 Procreate 软件初始界面点击右上角的"+"后，在弹窗内点击下图红圈内的图标。

此处主要讲解"尺寸"设置，其余沿用默认设置即可。

设置"宽度"和"高度"数值时注意比例，可以设置成 3∶4、9∶16 等。

"DPI"指图片分辨率，设置为 300 及 300 以上画面显示效果较好。但过大的画布尺寸和过高的 DPI 会降低"最大图层数"，因此要在两者之间进行权衡。

"毫米""厘米""英寸""像素"：画布宽度和高度的单位。

控笔预设

在绘画界面中依次点击"操作"—"偏好设置"—"压力与平滑度"。

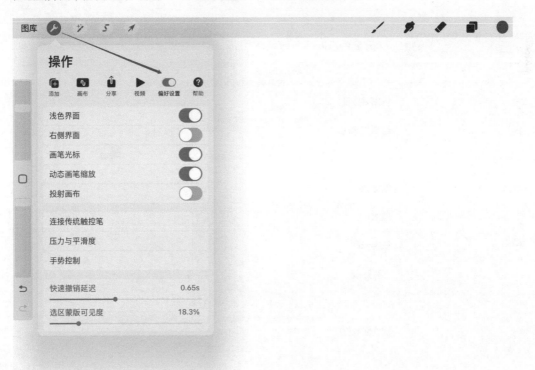

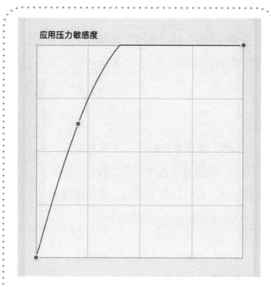

稳定性   23.6%

"稳定性"：提高线条流畅度，如果画线手抖，可以用来辅助，不建议过于依赖该功能。

"应用压力敏感度"：可以参考下图调整，提高压力敏感度，使线条画起来不费劲。

手势控制预设

在绘画界面中依次点击"操作"-"偏好设置"-"手势控制"。

在"手势控制"界面中，笔者针对左列的功能分别设计手势，具体可参考下图红字，蓝色方框圈出来的功能不做打开任何选项。

1.3 颜色、画笔和橡皮、涂抹

1.3.1 颜色

点击"颜色",可以看到有不同模式的调色盘,笔者习惯用"色盘"模式。

当线条(黑色线条)闭合时,可以拖动颜色(蓝色)直接填充形状。

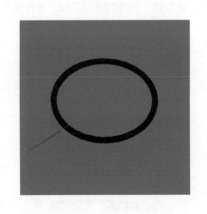

当线条(黑色线条)存在缝隙时,颜色(蓝色)会"跑"出形状外,全屏填充。

单指长按画面某个地方,可以吸取该处颜色。

1.3.2 画笔和橡皮

Procreate 自带丰富的笔刷,为了方便大家学习,笔者也将常用笔刷进行了整理,大家可以扫描封面勒口的二维码下载。

下载后可以将笔刷文件保存在 iPad 的文件 App 中，然后在 Procreate 的绘画界面中点击"画笔"，点击右上方的"+"，在弹出的界面中点击右上角的"导入"即可进行笔刷的导入。

橡皮的作用显而易见，故不展开讲解。

● 1.3.3 涂抹

涂抹可以让色块之间的过渡更柔和、更自然。使用的笔刷不同，涂抹效果也不同。

| 不涂抹 | 用"软画笔"笔刷涂抹 | 用"烧焦的树"笔刷涂抹 |

1.4 图层工具

● 1.4.1 图层的一般应用

　　想要了解图层，可以先试着用图层来画一个汉堡。图层之间互相独立，但是上层总是覆盖下层。

　　按住图层后上下拖动，可以变换图层位置，比如把番茄片和芝士片交换位置。

　　右滑图层可以选中图层，然后对其进行删除或建组。

左滑图层可以锁定、复制、删除该图层，例如给汉堡增加相同的番茄片或者去掉番茄片。

● 1.4.2 阿尔法锁定、剪辑蒙版

阿尔法锁定和剪辑蒙版功能类似，大家可以在实践中体验二者的区别。

直接用"软画笔"笔刷画汉堡皮的焦皮质感时，颜色会涂出汉堡边界。

点击"图层7"，选中"阿尔法锁定"，再用"软画笔"笔刷轻扫，则颜色仅在"图层7"的汉堡皮内呈现。

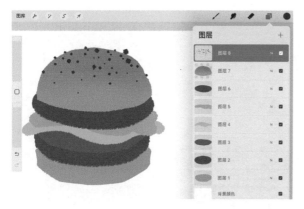

用"边缘"笔刷在"图层8"点涂芝麻，容易画出边界。

点击"图层8"，选中"剪辑蒙版"，出现一个"小箭头"指向"图层7"，则可以保证芝麻仅展现在"图层7"的汉堡皮上。

● 1.4.3 图层不透明度及模式

点击"图层7"的"N",调整"不透明度",可以使图层呈现半透明质感。

在"图层4"上方新建"图层10",并执行剪辑蒙版,吸取芝士片颜色画其高光形状,"图层10"的图层模式选择"覆盖"或者"添加",调整不透明度,可得到高光效果。

类似的,在"图层10"吸取牛肉片颜色画其阴影形状,"图层10"的图层模式选择"正片叠底"或者"颜色加深",调整不透明度,可得到阴影效果。

1.5 变形变换工具与选取工具

● 1.5.1 变形变换工具

移动

点击绘画界面左上角的"变形变换"，就会选中当前图层内的物体（虚线框内）。手指在虚线框外滑动，物体会随之移动。

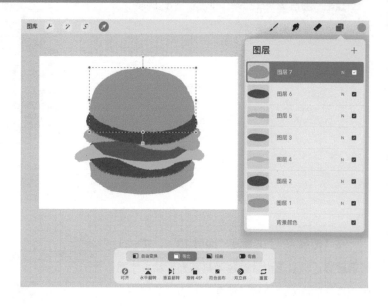

放大、缩小及变形

放大、缩小主要是通过滑动虚线上的蓝点实现的，模式主要是"自由变换"和"等比"。

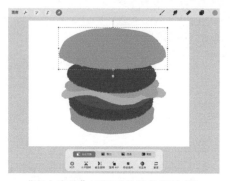

"自由变换"可以改变物体原比例。

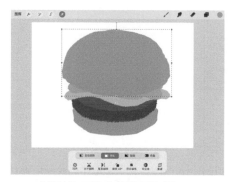

"等比"不改变物体原比例。

变形主要是通过滑动虚线上的蓝点或者调整内部的九宫格线实现的，模式主要是"扭曲"和"弯曲"。

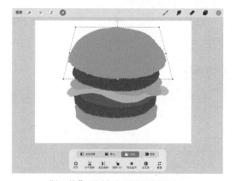

"扭曲"是符合透视的形变。

"弯曲"是更柔软的形变。

● 1.5.2 选取工具

点击绘画界面左上角的"选取",就可以利用虚线框定范围,并对虚线框内的对象进行填充颜色、移动、变形变换、复制、清除等操作。

选取的方式主要有 4 种:自动、手绘、矩形、椭圆。

"自动"可以选取该图层连续的同色区域。当物体边界比较毛糙时,可以用 Apple Pencil 在屏幕上水平滑动来调节填充阈值,阈值越高,填充越细腻。

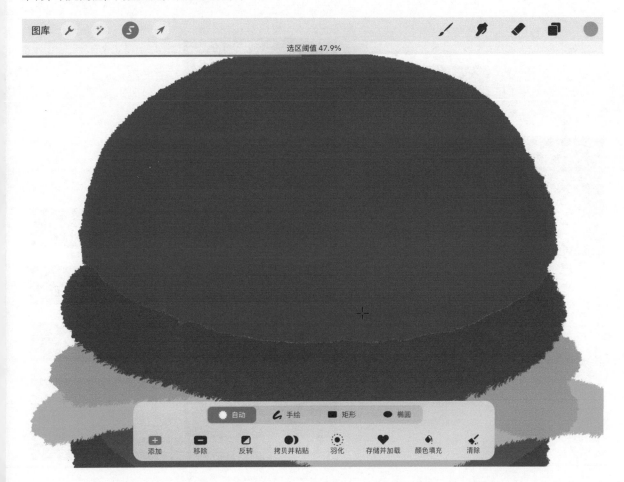

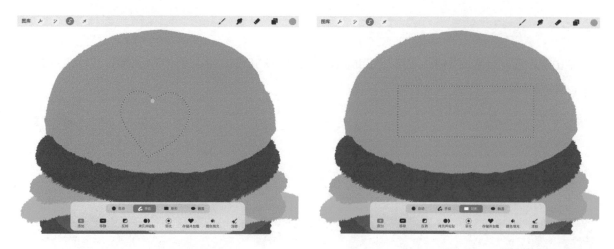

"手绘"可以手动框选出自己想要的形状。　　　　"矩形""椭圆"可以通过标准的矩形或者椭圆形进行框选。

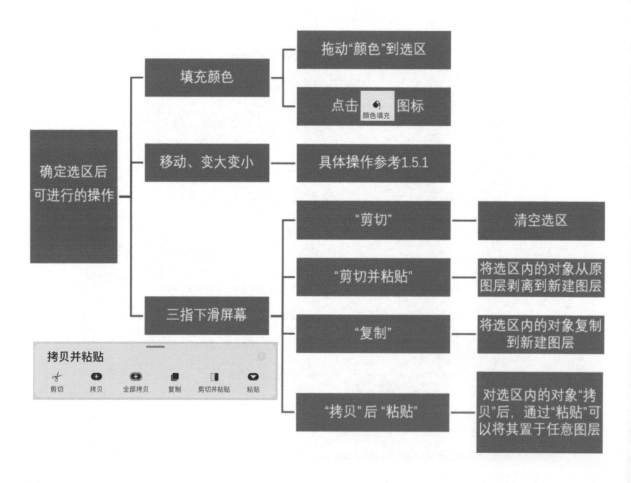

1.6 调整工具

调整工具中，红区是色彩调整工具，绿区是模糊工具，蓝区是质感提升工具。本节仅对几个高频使用的工具进行讲解。

● 1.6.1 色彩调整工具

色相、饱和度、明度

结合本书 2.1.2 小节中的"3. 光的色彩分析"，认识色相、饱和度、明度的含义，从而利用"色相、饱和度、明度"更准确地调色。

举个例子，要画出汉堡皮的烧焦质感（皮又灰又暗，带点焦黄色），可以将汉堡皮的饱和度降低至 28%，明度降低至 31%，色相基本不变或者偏暖一点。

曲线

"曲线"调节效果好的前提是素描明暗关系掌握得好，若明暗把控能力弱，用好"色相、饱和度、明度"即可。

"伽玛"曲线主要用于调节颜色亮度。横轴会将图层中的颜色分解，根据不同的亮度重新分布，从左到右逐渐变亮。右图椭圆中的颜色就被分解成了红色、绿色、蓝色。

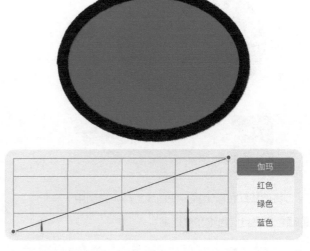

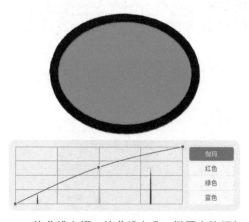

将曲线上提，使曲线上凸，椭圆中的颜色变亮。

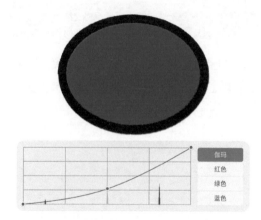

将曲线下拉，使曲线下凹，椭圆中的颜色变暗。

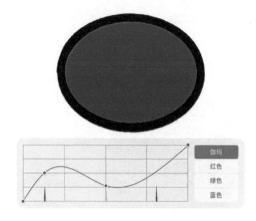

当提高红色的比例和亮度，压低蓝色的比例和亮度时，椭圆中的颜色逐渐偏紫甚至变红。

"红色""绿色""蓝色"曲线是专门的颜色通道，有助于更精确地调整色相。

以"红色"曲线为例，拖动曲线里的绿色段和蓝色段不会对颜色有任何影响，仅在拖动红色段时颜色才有所变化。

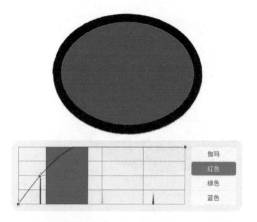

将曲线红色段上提，使曲线上凸，椭圆中的颜色变亮且红色饱和度提高。

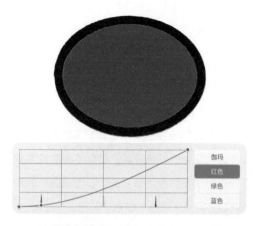

将曲线红色段下拉，使曲线下凹，椭圆中的颜色变暗且红色饱和度降低。

● 1.6.2 模糊工具

高斯模糊：均匀晕染，使画面平静柔和。

动态模糊：带有方向性的晕染，使画面更具动态感。

透视模糊：带有方向和透视关系的晕染，使画面更具动态感且更聚焦。

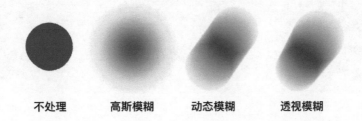

| 不处理 | 高斯模糊 | 动态模糊 | 透视模糊 |

在绘画过程中，选中要使用的模糊工具，用手指在屏幕上水平或者带有方向性地滑动，即可调节模糊程度。

● 1.6.3 质感提升工具

质感提升工具基本上都是用手指在屏幕上滑动来使用的，属于试过就会用的工具，在此不做介绍。

完成画作后，在屏幕上三指下滑选择"全部拷贝"，将所有图层都复制。

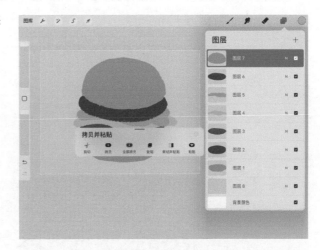

新建"图层9"，在屏幕上三指下滑选择"粘贴"，"图层9"就会显示出复制的所有图层。

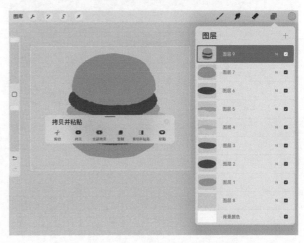

这样就可以在"图层9"中使用质感提升工具对画面整体进行处理。

此外，新建"图层9"置于图层最上方，拖动合适的颜色填充后，再用质感提升工具（例如半色调、杂色等）进行处理，也将得到肌理丰富的质感。

第 2 章

风景绘画概论

如果要给风景画下一个定义，我认为风景画是捕捉并描绘花草树木、山川河流等自然景观和建筑等人造景观的美感的一种绘画体裁。

这些美感可能来源于物体本身的造型、结构、质地等，也可能来源于烈日、风霜、雨雪等，或来源于前述各种因素综合作用下，人类与自然、动物互动的那种情绪。人类生来喜欢自然，随着进化，我们逐渐有了自己的思考，开始表达个性，而风景画就是表达的途径。

而想要让风景画能准确表达自己的意思，就需要大量且高效地练习。本章将归纳总结风景画的绘制步骤，首先分析风景的构图、光影、色彩，明确风景画的预期效果；然后通过标准化的线稿和小色稿大致实现预期效果，同时用针对性的验证方式让效果表达更加规范、准确；接着上色与细化，用细节让效果更加丰满；当然，绘制完成后不要忘记整理与归纳，参照本章中的风景画指标，发现优缺点，总结经验，进一步强化美感的捕捉和表达能力。

上述步骤并不是绝对的，在时间有限的情况下，我们甚至可以看到美丽的风景就直接铺色完稿。这样的练习虽然没有完全遵照上述步骤，但是动手总要比掌握方法论更有助于进步。

2.1 分析

一千个读者就有一千个哈姆雷特，每个人阅历、心境不同，观察风景的角度、时机不同，最终绘制的风景画也会传出不同的情绪。

为了准确清晰地表达画面主题，传递画面情绪，本节通过在动笔绘画前分析风景的构图、光影、色彩，把情绪表达从感性的事情变成理性的、可操作的事情。

● 2.1.1 构图

构图：通过合理安排画面中元素的位置来引导观众的视觉重心（也叫视觉中心）。

在摄影技术还未出现之前，很多画家出门写生总会带着取景框，就像我们用双手手指来围合出一个长方形框一样，通过取景框锁定自己想要的风景范围，可避免泛泛而画使画面失去重点。

本小节结合构图的理论知识，帮助大家形成一个"取景框"概念，从而保证在绘画前能框选出合适的绘画主体，让视觉重心更突出，画面主题更明确。

景别

传统的"景别"是指在焦距一定时，由于摄影机与被摄体的距离不同，被摄体在摄影机录像器中所呈现出的范围大小的区别。以人物而言，景别的划分如下：由近至远分别为特写（指人体肩部以上）、近景（指人体胸部及以上）、中景（指人体膝部以上）、全景（被摄主体及其周围部分环境）、远景（被摄主体及其所处环境）。

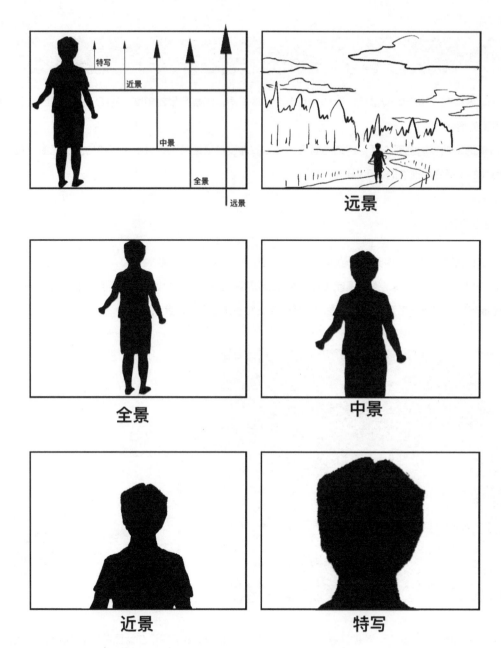

远景

全景

中景

近景

特写

在风景画中，灵活运用景别划分，可以使画面层次丰富，更具有表现力。

一般来讲，画一幅风景画之前，可主动把"取景框"内的风景划分成远景、中景和近景。例如下页图中，因为把房子和树作为视觉重心，并把视觉重心放在中景上，因此划分出远、中、近景，如红色虚线所示。视觉重心所在的中景，要用丰富的色彩，融入更多细节来深入刻画，而近景的草地和远景的山坡、树林等元素，就要画得更概括。需要注意的是，画面景别的划分针对的是地面上的景物，天空不能作为远景。

当风景的远、中、近景清晰，且层次较单一时，通常会通过不规则的近景来丰富画面。例如下页图中，视觉重心（房子）所处的中景元素简单单一，且水面"直白"分割画面，构图比较呆板。

远景

中景

近景

此时增加近景层次，用不规则的零星枝叶点缀，画面立刻灵动起来。

画面景别层次过少时，也可以通过增加近景层次来丰富画面，例如右图用虚化的树叶营造出灵动氛围。

画面平衡

画面中的元素是有重量感的，当"取景框"取景不当，或者作画过程中元素安排不当时，就会出现画面重量失衡的情况。当然，画面平衡不等同于平均分布，左右门神式的分布只会让画面显得呆板。

通常情况下，画面平衡的第一要义就是保证画面中元素的横平竖直，也就是说物体重力方向是垂直于画布水平边缘的。这并不代表物体本身必须笔直，就像下图的树干，虽然没有完全竖直生长，但是它的重心是竖直向下的，因而能达到稳定的效果。

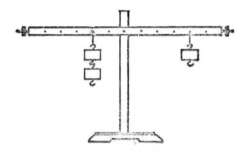

对于画面整体来说，使画面平衡就像是安排画面中的元素，让其在画布天平上平衡一样。

以静物摄影为例，因为右图中重量感强的袋子偏左，所以在右边放入一个间隔稍远的核桃，像天平一样，通过物体重量和天平臂长的共同制衡，使画面重心稳定而平衡。这就告诉我们，当我们绘制的画面中某方重量偏大，那么在另一方加入间隔稍远的小重量的物体，就可以让画面平衡。

当然，横平竖直不是绝对的，动态画面中，通过动线（趋势线）打破横平竖直，可以让画面更生动。如右图中，风吹动草和树，形成斜向左上方的动线，让画面更有"呼吸感"。

构图原则

（1）三分法则

人们的目光总是自然地落在一幅画的三分之二处，相较于直接把视觉重心放在一幅画正中间，放在三分之二处会使画面更加灵动自然。因此绘画时，我们可以先把画面长宽分别三等分并连线，这样就会在画面上形成九宫格，然后把想要展现给观众的主体物安排在九宫格的 4 个分割点（右图中的小红点）附近，比如画面中点睛的小建筑、人物等，这样就可以更好地发挥主体在画面中的组织作用，加强周围景物的协调感和联系感，视觉效果更好。

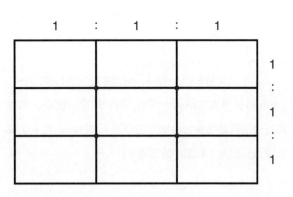

了解三分法则后，想必大家对怎么正确放置"取景框"又有了更深刻的认识。因此，针对下图，我们可以在保证景别层次和画面平衡的基础上，对所看到的风景再次截取，把画面重心（树或房子）放在九宫格4个分割点附近加以突出。

（2）黄金分割

黄金分割比例约为0.618∶1，为了方便绘制实践，我们可以再近似为3∶5，就相当于将一条线段进行黄金分割，较长部分与较短部分的长度比值约为5∶3。通过这样的比例分配风景中的各元素，会让画面更具美感，同时视觉重心也可以安排在黄金分割点（右图中的黑点）上，达到强化主体的作用。

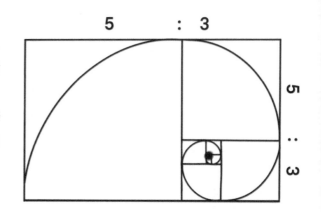

由于黄金分割较为复杂，所以多在正式建筑设计、Logo设计等规范场合中应用。日常风景绘画中，可以用三分法则替代黄金分割，三分点（右图中的红点）邻近黄金分割点（右图中的黑点）。

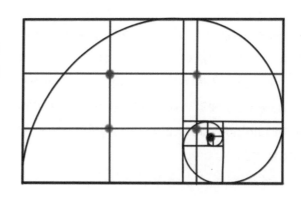

（3）线性引导

线条具有导向性，因此我们可以利用画面中的线条来引导观众的视线，让其沿着线条移动而发现视觉重心。线条可以是铁轨，也可以是溪流，甚至可以是飞鸟的队伍和叶片的朝向，重要的是它具备导向性，以及明确地指向了视觉重心。同时，线性引导可以和三分法则、黄金分割搭配使用，让构图更具匠心。

右图中，可以在铁轨（线性引导物）上面或者周围添加元素(人、车等)，形成视觉重心，让画面更有故事感。

右图中，可以把视觉重心（人、动物、房子等表现画面主题的元素）放在河流（线性引导物）旁边，观众的视线沿着河流就可以发现画面重点。

当然，构图方式不仅限于以上几种，只要最终画面突出了视觉重心且具有美感，就可以被称为好的构图。

构图常见问题

在多年教学中，笔者总结了如下的构图常见问题。大家不妨试着把文字遮住，分析下方左图的构图问题出在哪里。

避免各类错误，如元素间重叠、元素与画面边缘重叠、元素的阴影重叠等。

下方左图中小树、大树和房子位置重叠，导致三者前后关系不清，画面没有层次感。下方右图把房子移动到树之前，把大小树的距离拉开，明确了空间关系。

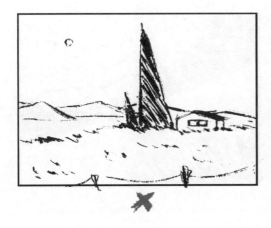

　　下方左图中人与树的影子重叠，人的影子和画面边缘重叠，画面破碎。下方右图把人移到了大树影子中，把树影向画面边缘外延展，让后方的影子指向人物（视觉重心），元素之间关联性变强，画面整体性提高。

　　下方左图中树和云朵都与画面边缘重叠，造型完整，如此完整的造型会导致画面缺少外拓的想象空间，使画面看起来局促。下方右图打破了云朵、树和外边缘重叠的构图，使画面更具横向拓展的张力。

避免画中元素过于独立，要有前后遮挡互动。

　　下方左图中没有考虑到人物和环境的互动，人飘在了草地上。下方右图把人物和草丛这两个元素关联起来，草没过了人腿，使得人物更和谐地出现在画面中。

避免画面元素分布过于平均，要有大有小、有疏有密、高低起伏。

下方左图中果树的果子分布过于平均，导致画面僵硬，令人不适。下方右图将果子集散式分布，让果子三五成群，画面更自然和谐。

下方左图中远景的山峰过于平均。下方右图中山峰的高低起伏差异性更明显，更具美感。

避免画面重心偏移，要合理安排元素的位置以使画面平衡。

下方左图中湖、树林、山坡隆起处都靠左方，导致画面重心靠左。下方右图通过在画面右方增加栅栏和树林这两个元素，平衡了画面。

避免元素过于整齐或零散地排列，要将画面元素归纳、整理、分类，让画面有动感。

下方左图中的云朵分布没有规律，画面凌乱。下方右图规划了"C"形动线，画面干净利落。

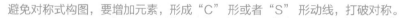

避免对称式构图，要增加元素，形成"C"形或者"S"形动线，打破对称。

下方左图中画面元素过于对称，缺少主体，显得死板。下方右图增加了人物和栅栏，画面更生动。

● 2.1.2 光影

风景也被称为"风光"，可见光影是风景的重要组成部分。早在 19 世纪 60 年代的法国，印象派就在现代科学技术（尤其是光学理论及其实践）的启发下，开始注重在绘画中对光的表达，在风景画中尤其着重于光影的刻画。本小节从光源、光的方向性、光的色彩分析 3 个方面来帮助读者明确风景中光影的刻画步骤。

光源

软光源：没有明显的方向性，亮度均匀，相对柔和。

硬光源：具有明显的方向性，亮度在传播中存在衰减，物体与其投影越靠近则阴影边缘越明确。

天光、摄影棚的光都是软光源，光线从四面八方均匀地包围物体。这样的光线能客观反映物体细节，肖像摄影、工艺品摄影等就经常使用软光源作为光影辅助。但是过于客观就会缺少情绪，同时对细节刻画能力要求也比较高。

因此在初学阶段，我们可以选择通过软光源观察事物，确保刻画的准确性。但是绘画时可多以硬光源场景为主，通过强烈的光影变化，让画面更出彩。

灯光、阳光都是硬光源，光线从一个点开始向外发散。因为光是沿着直线传播的，所以遇到遮挡时，光线便无法到达，会在无法照射处形成和遮挡物外轮廓相似的边缘明确的阴影。由此我们可以判断右图光源为硬光源。

光的方向性

由光源的性质可知，光的方向性是硬光源的特征，光从特定方向照射物体，从而使物体在对应方位产生明确的受光面、背光面以及投影。在自然风景绘画中，由于景物在阳光下的时间不同、位置不同，会产生不一样的打光效果。

前侧光：受光面＞背光面，物体大部分受光，整体氛围明亮温暖。

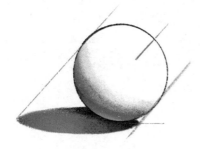

正侧光：受光面≈背光面，有利于刻画物体本身的纹理和质感，但正侧光下物体的阴影偏重，线条非常硬朗，看起来像"阴阳脸"。

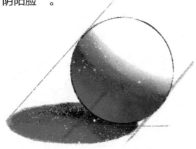

后侧光：受光面＜背光面，明暗对比强烈，投影的表现力很强，主要强调物体轮廓。

逆光：受光面仅在物体轮廓上，营造出生动的轮廓光线，很有视觉冲击力，强化了氛围和意境。

接下来，根据所学知识分析右图中存在哪些错误。

可以看出上页右下图画的是晴天。首先，应判断光源。晴天的太阳光属于硬光源，那么整幅画都要保证有明确的光照方向和光影关系。其次，光源位于左上方，从云朵受光情况分析，是后侧光。因此，风景中的景物也要保证有后侧光的效果。因此可以得出以下明显错误的地方。

错误1：远处草丛投影方向错误，近处草丛没有投影。

错误2：远处草丛受光面大于背光面，和后侧光的受光情况不一致。

错误3：羊没有画出后侧光的效果。

简单修改后如右图。

光的色彩分析

（1）色彩三属性：色相、明度、饱和度

色相即各类色彩的相貌，如玫红、柠檬黄、靛蓝等。

明度即颜色的亮度，不同的颜色具有不同的明度。明度越高，转化为素描关系时，调子越趋近于白色。

饱和度也称为色彩的纯度，即色彩的鲜艳程度。

Procreate的色盘，外圈控制色彩的色相，内圈控制色彩的明度和饱和度。在竖直方向上，越往上，色彩明度越高；在水平方向上，越往右，色彩饱和度越高。

（2）二分三面五调

以球体为例，"二分"作为最概括的光影刻画方法，在风景绘画中使用较多。简单来说，就是根据光照情况，将物体表面大概划分为受光面和背光面。

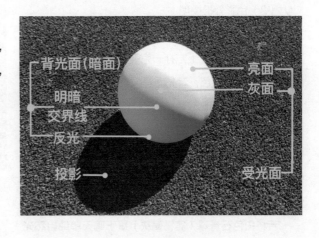

右图就是根据光影关系，用"二分"法绘制物体，即用两种颜色来塑造小灌木。

"三面"是在"二分"基础上的细化。"三面"分别是亮面、灰面、暗面。其中灰面就是受光面和背光面之间的色彩过渡面，它的颜色最接近物体本身的颜色。

右图就是根据光影关系，在"二分"的基础上，再加一种颜色来塑造小灌木。

"五调"是在"三分"基础上的进一步细化。五调分别是亮面、灰面、明暗交界线、反光、投影。通常情况下，亮面调子明度最高，投影调子明度最低。

右图就是根据光影关系，在"三面"的基础上，增加反光和投影来塑造小灌木。

（3）色彩分析模型

以白色石膏球（实物偏灰）为例，将其置于完全黑暗的环境中，从其左上方打一束强烈白光，可以看到，白球的受光面呈白色，背光面呈黑色。

它的受光分析比较简单，仅存在一个光源，即白光。因为受光面呈现物体本身与光线色彩的混色，即白色＋白色，所以最终依然是白色。背光面因为白光无法照射到，且不存在其他环境光光源，所以不反射任何光，视觉上呈现黑色。

若将白色石膏球（实物偏灰）置于晴天单纯自然光环境下，则可以看到受光面呈暖白色，背光面存在蓝色和绿色反光，其中绿色靠近地面，而蓝色远离地面。球体在绿色地面上的投影呈现深绿色，并伴有偏蓝倾向。这些颜色是如何形成的呢？

首先，判断光源。主光源是暖白色的太阳光，属于硬光源。辅光源是蓝色天光和绿色环境光，产生的原因是太阳光在蓝色天空中和球体所在的绿色平面上的漫反射，属于软光源。可以认为，晴天的环境如同在完全黑暗的环境中依次加入暖白色太阳光、蓝色天光和绿色环境光。

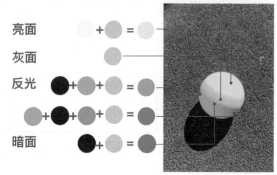

其次，分析光照影响下球体的光影关系。由于主光源（硬光源：太阳光）从右上方照射下来，相应地，受光面在球体右上方，背光面在球体左下方，在平面左侧产生投影。辅光源（天光、环境光）从四面八方包裹球体，但由于主光源光照集中于受光面，所以辅光源的光照效果主要体现在背光面（投影、阴影处）。

综上，我们尝试用逻辑解释视觉。受光面呈现暖白色，是因为太阳光的暖白色和球体的白色混色后依然是暖白色。参考全黑环境，背光面原应是黑色的，但由于被微弱蓝色天光打亮，所以呈现黑＋白＋蓝的混色效果。又因为更微弱的绿色环境光的影响，所以靠近地面的部分呈现绿＋黑＋白＋蓝的混色效果。

值得注意的是，色彩呈现的色相主要依赖画面色光的强弱程度。举个例子，如果太阳光强烈，导致天光和环境光也随之增强，则背光面的色彩中蓝色和绿色比重增大，色彩饱和度提高，色相呈现更明显的蓝色和绿色。因此，如果要增强画面光感，表现清透的感觉，可以尝试提高暗面的饱和度，明确表现天光和环境光的色相。

（4）色彩对比

天气晴朗时，会看到右图所示的现象，地面上的
投影外圈的色彩格外温暖明亮。当画面亮度和对比度
再提高时，投影外圈的高饱和边缘看起来更明显了。
这是因为太阳光越强，物体亮面颜色越浅，暗面颜色
越暗，饱和度逐渐降低。只有亮暗之间的灰面（高饱
和边缘）反映物体本身的颜色，在色彩对比中显得饱
和度较高。这个现象告诉我们，提高投影外圈饱和度
可以提升画面光感。

（5）次表面散射

如果物体是半透明的，比如下图的水果，由于光透过了这些较薄的表面，背光面边缘色彩饱和度会非常高，
这就是"次表面散射"现象。其中的光学原理我们不做深入讲解，"次表面散射"给人光感强烈、物体轻薄的感觉，
因此，当我们想要营造清新明亮的氛围时，可以适当在画面元素暗面的边缘添加高饱和度的颜色。

综上，在光影塑造中，让画面更生动的方法如下。

- ● 画面至少做好光影二分。
- ● 适当提高暗面的饱和度，明确表现天光和环境光的色相。
- ● 适当增加亮暗之间的高饱和边缘。

● 2.1.3 色彩

用色安排

主次上，用色安排的首要目标就是强调画面的视觉重心。当我们做笔记时，为了突出重点，会习惯性地把重点加粗、划线、用亮眼的颜色书写等。绘画中也类似，我们可以从饱和度、明度、色相对比这3个方面来突出视觉重心。

饱和度、明度、色相这3个色彩属性可以单独强调，也可以组合使用。例如右图中撑伞的女孩作为视觉重心，特意突出了她的饱和度、明度和色相。其皮肤色彩饱和度夸大，白色的衣服在画面中明度最高，且红色的皮肤和绿色的树形成强烈对比。

透视上，为了能够丰富画面层次，加强画面空间纵深感，在区分远中近景后，我们可以利用大气透视的原理做如下安排。

（1）暖色前进，冷色后退

两色并置时，一般暖色向外扩张，视觉上呈现前进效果；冷色向内收缩，视觉上呈现后退效果。因此，色彩安排中，远景的色调一般偏冷。

　　清晨或傍晚，当太阳光只照射在远景上时，会导致远景色调偏暖，近景色调偏冷。因此上述结论并非完全适用，画画时还要根据实际环境进行具体分析。

（2）重色前进，浅色后退

　　在同等大小的房间内设置深色背景墙和浅色背景墙，其中深色背景墙看起来离我们更近，空间更小。因此，色彩安排中，远景色彩一般明度更高，饱和度更低。

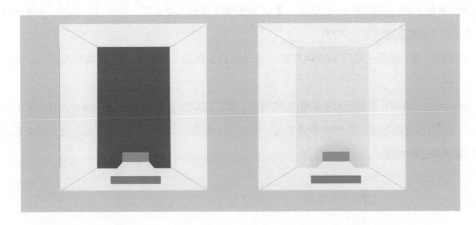

（3）对比强前进，对比弱后退

　　对比指的是物体光影的明暗对比。物体光影明暗对比强，则看起来清晰，视觉上靠前；对比弱，则看起来模糊，视觉上靠后。例如下图中从左到右，亮面、灰面和暗面之间的对比逐渐增强，小灌木看起来逐渐清晰。

（4）细节前进，概括后退

物体越靠前，则被看到的细节越多；越靠后，则越概括。例如右图，同样是杉树，远处的成片杉树只用简单的绿色色块概括，而近处作为视觉重心的杉树却有完整的造型特征。

配色方案

很多绘画新手在上色时不知道该如何下手，要么凭主观印象画，要么完全照抄参考照片。如此一来，作品的质量往往取决于个人色感和参考照片的好坏。

要摆脱无规划绘画，就要主动定制配色方案，通过明确主色调，分配主色、辅色和点缀色，形成完整的配色方案。

Procreate色盘内圈用于调整色彩的饱和度和明度。我们可以划分九宫格，把内圈分为低饱和高明度区、中饱和高明度区、高饱和高明度区、低饱和中明度区、中饱和中明度区、高饱和中明度区、低饱和低明度区、中饱和低明度区、高饱和低明度区。

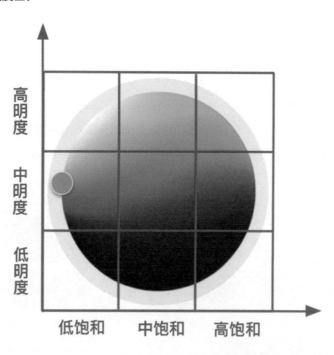

通常情况下是选择相邻的 2~3 个色调区域作为绘画主色调，如下图中的小画主要颜色都来自中饱和高明度区、高饱和高明度区，画面看起来和谐。

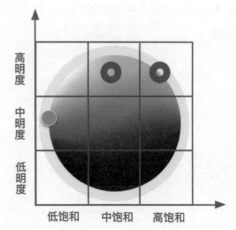

如果跨区域选色调，则画面更有冲击性，如下图所示。

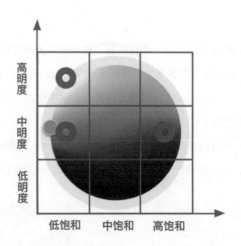

至于选择哪个主色调，客观上和天气、时间等因素有关。如下图左边的小画选择中低明度的色调区域，所以看起来天气阴沉；而右边的小画选择中高明度的色调区域，所以看起来天气晴朗。

　　主色调的选择与个人绘画风格有关。有些画家喜欢高饱和色调，有些画家偏爱低饱和色调。可以尝试去分析自己喜欢的画作配色属于哪块色调区域，在绘画过程中有意识地在相应区域取色。例如下图两幅小画，为了固定风格，我有意识地都在中高明度区选色，最终也能达到表达阴天和晴天的效果，同时我的画风更统一，都具有清新的感觉。

　　明确主色调后，根据画面元素构成来分配主色、辅色和点缀色。主色是画面中主要元素的颜色，色彩占比最大；辅色可以有多个，是画面次要元素的颜色；点缀色是画面中零散分布的颜色，作用是调和画面视觉效果。

　　Procreate色盘外圈为色相环，根据色相之间的相对位置，划分出近似色（90°以内）、互补色（180°）和对比色（120°～240°）。

　　近似色是指色相环上相距在90°角内的两种颜色。如果用近似色配色，即主色和辅色的色相在90°以内，画面会显得平静、和谐、整洁，是不容易出错的配色方式。

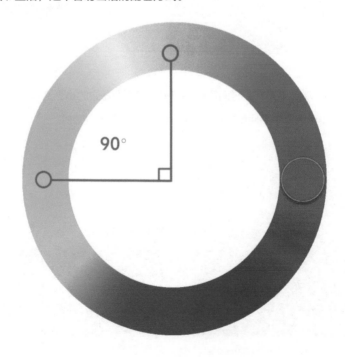

当然，这种配色也会导致画面过于沉闷，主题不明确，因此点缀色可以用对比色（互补色）来打破沉闷。下图中主色为绿色，增加紫红色的土地作为点缀，让画面更活泼。

对比色是指色相环上相距 120° ~ 240° 的两种颜色。其中比较特别的对比色，是色相环上 180° 角相对的两种颜色，又被称为互补色。

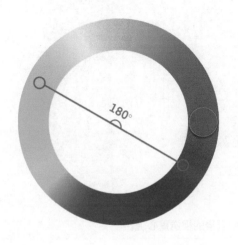

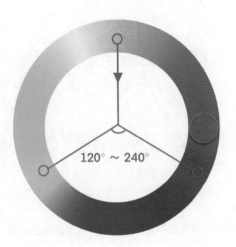

除了与上述色相对比，对比也包括明暗对比、纯灰对比、冷暖对比等。对比色配色可以增强画面的色彩表现力，是主色和辅色在色彩搭配上不错的参考。下图中主色是草地的蓝绿色，辅色是花的红色、橙色、黄色，色相对比让画面充满活力。

无论是近似色搭配还是对比色搭配（仅针对主色和辅色），在其点缀色的选择上，都可以根据对比色原理，在画面原有基础上判断是否有色相、明暗、冷暖等失衡，若有失衡的地方，可以增加点缀色让画面重新平衡。下图中，画面下方的人物是暖色的，再点缀上红色的果子和飘带，让画面上下的暖色呼应。

此外，点缀色不宜平均分配，应根据用色安排，多用在画面中近景的视觉重心上。

2.2　线稿

一般绘制线稿是在构图分析之后进行的，构图分析确保了画面平衡，明确了视觉重心及画面元素所在的景别层次。

当然，如果是借鉴优秀的摄影作品或电影截图，作品本身就已经具有非常好的构图，那么构图分析可以省略。但是由于版权原因，建议仅作个人练习参考。

本节将直接参考下图，分步骤讲解线稿绘制的注意事项。

● 2.2.1 趋势

在风景中，没有零散的元素，只有没按"趋势"排列整理好的元素。云随着气流飘动，所以天空中的云有"趋势"；树叶在枝干上随风摆动，所以树叶有"趋势"……

因此，绘制风景画线稿的第一步，就是厘清元素的各种趋势（见下页图）：蓝线代表云朵的趋势，黄线代表山的外轮廓与山脉趋势，红线代表树的枝干生长趋势，绿色代表草地的坡度趋势。

如果你一开始对画面定位没有把握，也可以在参考照片和画布上分别画九宫格进行辅助，明确每个元素大概在什么位置。

上述趋势并不唯一，在保证画面趋势流畅、美观的前提下，每个人都可以凭借自己对画面元素的理解来确定趋势。下图中云的趋势分别呈现中心放射状和右侧放射状，虽然趋势不同，但是画面各有千秋，都是可取的。

趋势不仅能帮助我们更好地串联画面元素，还能指导我们上色过程中笔触的方向。沿着趋势上色，画面色彩呈现更干净统一，不至于杂乱。

● 2.2.2 概括

如果说趋势稿是"一草"，那么概括稿就是"二草"。熟练后，趋势和概括直接放在一张草稿上即可。

风景的概括不像人像那般要求精准，重要的是根据趋势安排块面。可以遵循下列原则。

整体性：细碎的曲线可以尽量概括成长直线或弧线，细碎的形状尽量用大形状去概括，复杂的结构尽量用规则的形状去简化。

像树这样富有动态张力的形体，就可以用大曲线去概括它的块面，如右图所示。

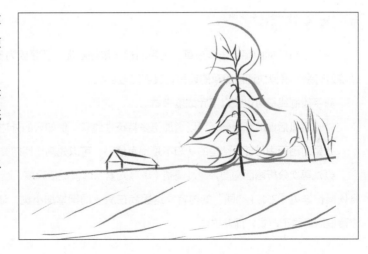

像云朵这样看起来比较复杂的组成，就先理解成柔软球体，并自行拆解、组装出云朵在天空的排列方式，如右图所示。

远近对比：远处的概括要强于近处。

下图中，树位于画面中近景位置，虽然概括，但还是划分了详细的枝干和树冠块面，而靠右的3棵远处的树，概括起来就简单很多。

节奏性：要有高低起伏、大小疏密对比等。

例如草地的纹理可以在坡度变化处增多；云朵的形状要有大有小，分布要有疏有密，如下图所示。

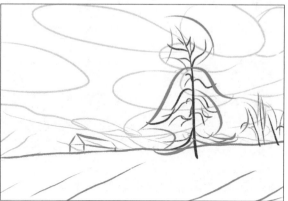

● 2.2.3 完成度

为什么有些插画高手线稿潦草，上色后却非常好看呢？那是因为他们经过无数次绘画练习，对线条的运用已经游刃有余，看似快速而潦草的起稿，其实暗藏玄机。

新手绘制线稿可以按以下完成度来做。

外轮廓概括但清晰明确，可以增加更多特征性线条，例如云的外边缘特征。

如果对画面中某部分结构的认知不是很有信心，可以先画出明暗交界线和阴影。

尝试再次分析画面构图，通过调整（增减元素、增减概括程度、画面平移等）让画面更舒适，突出视觉重心，具体操作详见"2.1.1 构图"的内容。这里我在房子周围增加小树，让房子不会过于独立突兀，同时暗示房子的位置偏后，属于背景，而非主体。

多做绘画练习，多尝试在概括草稿那一步就上色，实在不知道怎么画的时候，记得再回到线稿厘清思路。

2.3 线稿验证

线稿验证不仅是对型准的验证，也是对构图合理性的验证。

第一种验证方式是镜像画布。

选择草稿图层，然后在界面左上方选择"操作"–"画布"–"水平翻转"。

这样就可以得到镜像后的草稿。

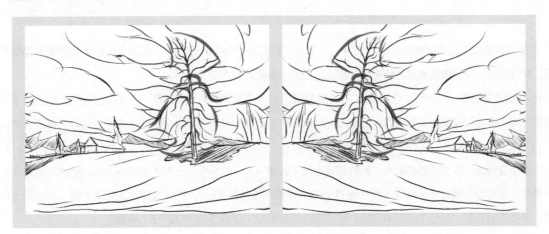

镜像画布可以帮助我们换个角度去审视画面，避免惯性思维。我们可以观察镜像后的草稿是否存在画面重心左右失衡的问题，或画面人物是否有动作不合理等问题。

镜像后的画面笔触多在左方，右方稍微有点空，因此可以增加树木、山的面积等，让画面左右更平衡。

第二种方式是换个设备查看。

可以把画导出到手机中查看，同样是避免惯性思维导致忽略草稿中的问题。

2.4 小色稿

小色稿是正式作画前所做的尝试性练习。初学者应养成画小色稿的习惯，小色稿可以帮助初学者从整体观察画面、简化画面，用最概括的颜色做搭配，提高对色彩的捕捉和推敲能力。

小色稿的画幅要小，小到可以用笔刷3~5笔涂满画面。同时尽量用大笔刷在一个图层上尝试，避免过于深入而浪费时间。练习时长建议在20分钟左右，最长不要超过40分钟，因为40分钟是大部分人注意力的极限时间。

可以在 Procreate 中插入参考照片，缩小参考照片（图层"已插入图像"）和其对应草稿（图层1），并将草稿不透明度调低，作为上色的参考。同时新建图层（图层4），画一个与已有图层同等大小的画布（可以用矩形工具填充，也可以用画笔直接填涂）然后在其上方新建图层（图层15），执行剪辑蒙版来做色稿。对于画面中把握度不是很高的元素，例如下页图中的树，可以额外新建图层（图层16、图层17）来画。

　　从小色稿整体来讲，可以按照远、中、近的顺序上色。调整"映卡"笔刷到最大，画出天空和云朵（此时也可以画出云的阴影）。

　　接着画出远景的山，尝试简单概括山的色彩变化，靠近山脚的部分偏绿，靠近山顶的部分偏紫。

　　再画出中景的房子和树，考虑到这些不属于视觉重心，所以尽量用几种颜色简单概括。

　　然后刻画视觉重心，就是这棵　　　最后画出近景的草地。
大松树。当然，如果你想先画近景
的草地也是可以的。

　　从单个元素刻画来讲，基本上做到"二分"，保证物体在光影下的受光面和背光面明确清晰即可。如云朵的
刻画，我习惯先画固有色（白色），再画阴影（淡蓝灰色）。

　　而对于树木的刻画，我就会先画背光面（深绿色），再画受光面（浅绿色）。

远景可以简化上色，比如用一种颜色概括一棵树或者一整片树林。

当你对小色稿的效果不太满意时，可以尝试其他色彩搭配，最终在多个色稿方案中选择比较满意的进行正式上色。

2.5 色稿验证

在最上方新建图层（图层 20），拖动色盘中的纯黑色到图层内填充，轻点该图层的"N"，把图层模式设为"颜色"，这样就可以把色稿转为黑白稿。

在黑白稿的基础上，主要核对下述问题。

Q：在没有参考照片的情况下，是否能分辨出前中后景的层次？

A：右上方的色稿中，处于中景的小树和远景的山的明度过于相近，拉不开差距，可以适当降低小树的明度让层次更清晰。

Q：画面的视觉重心是否突出？

A：相较于其余两幅，左下方的色稿里的大松树最突出，更抢眼。其余两幅可以参考该松树受光面和背光面的明度。

Q：画面是否深浅平衡？

A：右上方的色稿的重色只在中景的房子和前景的大松树上，会让人困惑大松树和房子哪个是重点。因此可以降低大松树的明度，提高大松树的对比度，让其在视觉上更抢眼。同时也避免了整幅画浅色过多、画面过飘的问题。

根据个人审美倾向，笔者选择上页右上方色稿的配色，并且根据色稿黑白验证修正了上述错误，最终效果如下图所示。

2.6 上色与细化

确定小色稿方案后，我们就可以回到正式画布上，降低草稿图层不透明度，打开小色稿作为参考，新建图层开始上色。

上色的时候，要养成一个颜色一个图层的习惯。我们可以直接吸取小色稿上的颜色，基本的上色步骤和小色稿的上色步骤一致。

由于正式画布 DPI 高且画幅大，按照小色稿上色后，画面依然粗糙。那么我们该如何细化画面呢？

强化元素特征

根据元素的不同，放大其特征表现。注意不同的景别层次要区别对待，远景特征不宜过多强化。

前景中的草地现在看起来就是简单的色块，比较粗糙。可以在色块外边缘用"映卡"笔刷画出小草，让草地更蓬松茂盛，如右图所示。

深入刻画光影关系

根据"2.1.2 光影"里的光的色彩分析，我们可以在二分的基础上进一步刻画光影关系。即针对不同元素的情况，相应地增加其高光、反光、次表面散射等，同时根据光的衰减情况，降低相应的亮暗面明度。

例如右图中的树，由于光的衰减，整体上浅下深，枝干也因为部分不被树枝遮挡而受光，故要画出阴影和亮面。

合理使用点缀色，完善色彩搭配

从色相、明暗、纯灰、冷暖平衡这几个维度来使用点缀色，尤其是在色彩单一处和视觉重心处。

这里有个上色小技巧，可以避免点缀色过于突兀。当你想在纯色的阴影中添加一点蓝色天光时，直接取蓝色会非常突兀。可以先吸取蓝色，然后降低不透明度试色，试出合适的颜色后再吸取该颜色，用不透明度100%的方式上色，这时阴影里透出的蓝色看起来会更和谐。

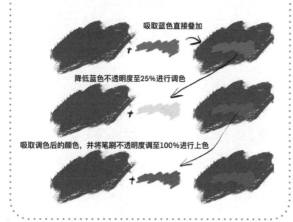

吸取蓝色直接叠加

降低蓝色不透明度至25%进行调色

吸取调色后的颜色，并将笔刷不透明度调至100%进行上色

突出视觉重心

增加抽象（左图的音符）或具象（右图的小羊）的道具，让画面的视觉重心更加突出。

增加肌理、丰富上色笔触

在比较特殊的元素上用特殊肌理质感的笔刷来细化画面，例如右图在山上叠加"斯提克斯"笔刷，营造出表面凹凸不平的效果。

当然，也可以通过特殊笔刷模仿蜡笔画、马克笔画、水彩画等的手绘风格，这需要对相应手绘风格有一定了解，不能过度依赖笔刷，盲目使用。右图是用绘图里的"菲瑟涅"笔刷模仿蜡笔画的效果。

通过叠加水彩纸纹理图层，可以让画面内容看起来更丰富。

在画布最上方的图层上插入一张水彩纸纹照片，在该图层属性中选择"正片叠底"，再调整图层不透明度，让纸纹看起来更自然。

2.7　整理与归纳

本章的 2.2、2.4、2.6 节为绘画实操讲解，其余 4 节是对绘画不同阶段的整理分析。不断重复2.2、2.4、2.6 节的练习当然会进步，但想高效训练，就要掌握其余各节的内容，"带着思考"去画画。

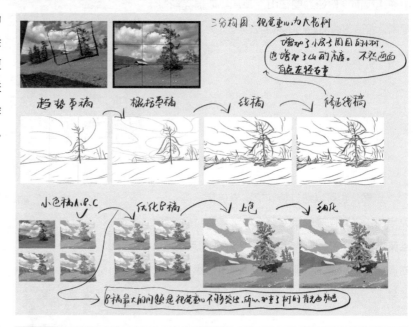

在完成一幅画后，我们可以根据前面所学知识点一一比对，主要指标如下。

构图：景别是否明确？重量是否失衡？画面动线、趋势线方向是否明确？

视觉重心：是否突出？

空间关系：是否有前后遮挡、近大远小的空间关系？

光影关系：是否所有元素都有对应投影，且投影方向正确？

色彩对比：画面整体色调是否遵循主色调？是否存在主色、辅色和点缀色？

节奏：元素排布是否过于平均？动线和趋势线安排是否过于平行？

当然，你也可以选择更换设备查看，或者寻求他人的建议。尤其是绘画瓶颈期的读者，他人的点拨会让你豁然开朗。

如果不太着急，不妨隔一段时间回头看看，可能当初无比自豪的作品如今看来问题满满。你甚至可以重新画一次，试着修正当初的错误。与自己比较也是一件非常有趣的事情。

第 3 章

风景的构成要素

本章选择常见的风景构成要素进行造型用色分析和绘画步骤示范。

造型用色分析主要是分析如何概括物体，如何摆放物体画面才漂亮，如何表达物体的特征……简单来说，就是如何把看起来很乱的画面调整得清爽且漂亮？绘画步骤示范主要是理论基础上的实践，由于篇幅有限，本章仅从线稿和上色细化来进行绘画步骤示范。

学习本章最高效的方式应该是，先理解该元素的造型用色分析，再尝试根据绘画步骤示范里的参考照片独立练习，并在绘画过程中记录难点和疑点。画完后再看笔者的绘画步骤示范，从中找到"参考答案"，解决自己的难点和疑点。

当然，本章内容并不能囊括所有的风景构成要素，但是观察、分析、概括的方法是相通的，要尝试迁移知识且不断自学，只有这样才能画出你心中的别样风景。

3.1　云

● 3.1.1 天空色彩分析

初学者在画天空时，会习惯性地把天空完全涂上蓝色，这会让背景看起来很闷，氛围也相当压抑。

观察右图的天空可知，在晴朗的日子里，天空的蓝色从上到下，逐渐变淡，饱和度逐渐降低，明度也逐渐变高。这样的色彩变化主要是因为地平线上方有一层大气，在正常晴天下呈白色雾状，犹如添加了一层白雾。

如果此时用 2~3 个色块来表现天空的色彩变化，可以得到右方左图效果。再用涂抹工具，笔刷选择"软画笔"，沿着水平方向涂抹，最后可以得到右方右图效果。

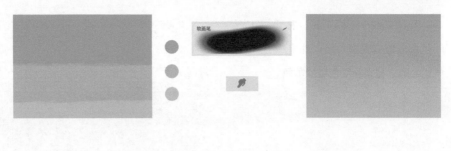

右图中，太阳在画面的左上方，天空中靠近光和靠近地平面的地方的颜色都会比较浅。

如果此时用 2~3 个色块来表现天空的色彩变化，可以得到下方左图的效果。再用涂抹工具（笔刷选择"软画笔"，可以稍微降低笔刷的不透明度）沿着光的方位环涂并在天空下方平涂，最后可以得到下方右图效果。

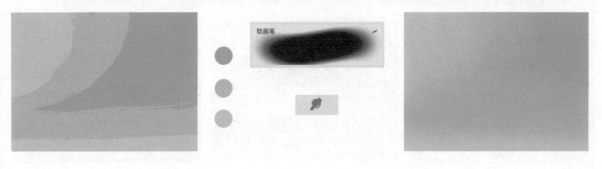

当清晨或夕阳西下时，由于太阳光的颜色会变红或变黄，所以地平线上方的大气也会随之呈现粉红色或淡黄色。

如果此时用 2~3 个色块来表现天空的色彩变化，可以得到下方左图的效果。再用涂抹工具（笔刷选择"软画笔"）沿着水平方向涂抹，最后可以得到下方右图的效果。

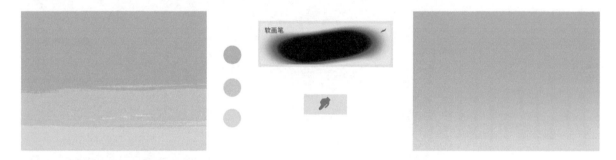

软画笔

● 3.1.2 云的造型用色分析

当你不经意间抬头看天时，天空云朵杂乱无章，并没有画中那般梦幻流畅。那是因为很多风格化的风景画中，画家主动整理美化了云朵排布，就算是写实类的风景画，画家也会选择符合自己审美的场景来写生。因此，我们画云时并非照抄参考照片，而是结合下列知识点，画出我们需要的云。

趋势线

天空中云的趋势线主要取决于客观的气流方向以及主观的画面构成美感偏好，趋势线通常是"S"形、"C"形、放射型以及它们的组合。可以在绘画前根据参考照片或者构图需要来设定云的趋势线，如下图中红线所示。

概括

除特殊天气外，日常所见的云朵普遍呈现块状或条状，如积云、层积云等，可以概括成我们比较容易理解且比较好上手的不规则且柔软的"椭圆形""平行四边形""条形"等，并沿着趋势线分布。

注意：用形状概括的时候，注意分出哪个形状在前，哪个形状在后，规划好前后遮挡关系。

节奏

沿着趋势线来概括的时候，可能会出现节奏不佳、效果差的情况。可以通过下面几个例子了解云朵排布经常出现的问题及解决方法。

下方左图的云朵大小过于平均，下方右图把部分云朵拉长或者变宽，云朵更灵动。

　　下方左图的云朵像羊肉串一样分布在趋势线（红线）上，下方右图将云朵围绕着趋势线（红线）离散分布，避免云朵分布僵硬。

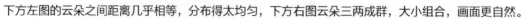

　　下方左图的云朵之间距离几乎相等，分布得太均匀，下方右图云朵三两成群，大小组合，画面更自然。

　　下方左图的云朵"S"形转折过于锐利，下方右图云朵仅把锐利表现在云朵端头的尖角上，大转折更圆滑，尖锐与圆滑交替出现，画面更协调。

特征化

云朵的特征是外边缘不规则，整体饱满、蓬松，又因为气流的存在，端头可以画得尖锐。为了美化画面，我们通常会让"圆滑"和"尖锐""大凸起"和"小凸起"有节奏地出现。此外，上色时注意要沿着笔触方向（红色箭头），即云朵的起伏来上色。

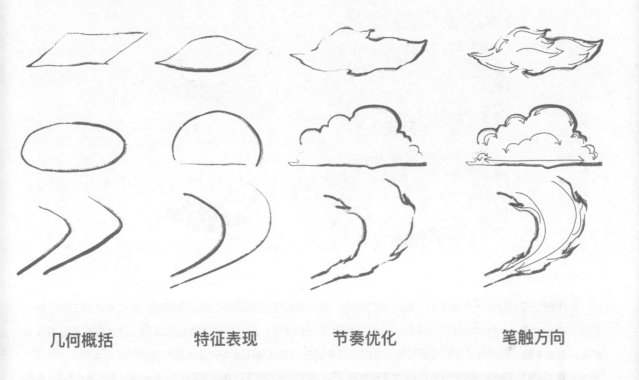

| 几何概括 | 特征表现 | 节奏优化 | 笔触方向 |

造型时，笔者常用的笔刷是"大映卡"，在快速画线的过程中有飞白效果，随意松散，状似云朵外形。

大映卡

当然，画笔库内还有很多画云很逼真的笔刷，例如画笔库"水"里的 "清洗" "湿海绵"等，读者可以根据自己的喜好去尝试使用。

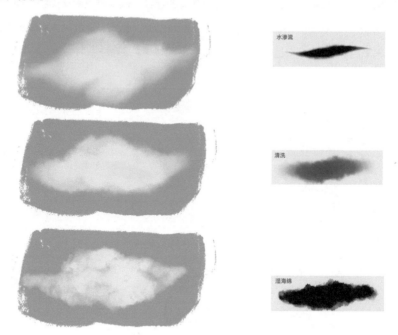

光影与色彩

如果把云朵简化成一个或者多个椭球体的组合，就会得到下图所示的红圈。再根据光影关系进行二分上色，下图为顶光效果，上色时以红圈为单位，一个红圈就是一个球体，画上该球体的阴影即可。注意阴影要贴着云朵本身的弧度来画，同时为了让画面更好看，可以将云朵阴影的形状简化成与云朵本身的趋势和外形类似。

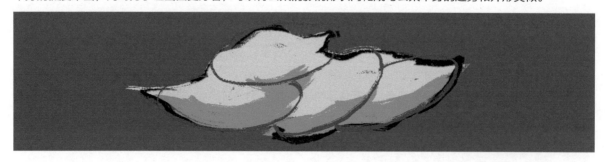

根据"2.1.2 光影"中光的方向性可知，打光情况不同，效果不同。下列云朵打光并非完全精准，在二分画法上又进行了个人审美的加工。

可以多去收集好看的云朵图片并练习，在未来绘画时去套用和拓展。

上色时通常是先画云的固有色：可以吸取天空的颜色，然后再提高明度，降低饱和度（绿色箭头）。想要画面纯净清冷些，外圈（红色箭头）取色往右移动，色相偏蓝紫；想要画面温暖明亮些，外圈（红色箭头）取色往左移动，色相偏绿黄。

接着画阴影：先吸取天空的颜色，然后再提高明度，降低饱和度（黄色箭头）。想要画面纯净清冷些，外圈（红色箭头）取色往右移动，色相偏蓝紫；想要画面温暖明亮些，外圈（红色箭头）取色往左移动，色相偏绿黄。注意此时色相不要偏移过多。

以上二分上色对于大部分画面已经足够。如果云朵在画面中占比大，则可以再深入刻画，加入更多调子（不同的阴影层次）。次暗面上色时，不容易出错的方式是吸取暗面颜色，然后稍微提高饱和度，降低明度（红色箭头），色相上可以比暗面更冷些或者不变化。

● 3.1.3 Procreate 绘画步骤示范

参考照片

线稿

打开一个大小为 1500px × 2000px、DPI 为 400 的画布，新建图层，用"干油墨"笔刷画线稿。设定视觉重心为最高的树，因此将树安排在画面三分构图位置上；线稿在参考照片的基础上增加了草地上的元素，如树、羊，避免草地过于单调；同时将参考照片中主体的云往右移动，避免画面重心偏左；且在左上角增加一个云尾，指向视觉重心（树）。

固有色

降低线稿图层不透明度，并将其置于最上方。然后一个颜色一个图层，给画面上固有色，如右图所示。其中绘制草地和羊使用"干油墨"笔刷，绘制树使用"革木"笔刷，绘制远山使用"边缘"笔刷，绘制其余元素使用"大映卡"笔刷。

从图层角度分析，根据云所在的位置不同划分了 3 个图层，分别是"云淡""云低""主云"。山也根据远近色彩不同分了两个图层，分别是"远山""近山"。草地从远到近，分了 3 个图层，分别是"草地底色""草地过渡色""近处草地"，旨在表现出空间中草地越来越暖的色彩倾向。

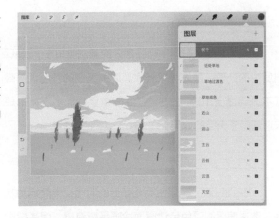

细化

在云朵刻画中，全程使用"大映卡"笔刷。由于"云淡"图层中的云属于飘在高空的薄云，通常完全透光，不存在阴影，且画它的目的主要是丰富画面构成，因此不需要深入刻画。

而"云低"图层中的云属于天空中比较远的云，不是很显眼，可以在其上方添加剪辑蒙版来做简单光影。先吸取周围天空的颜色，再降低不透明度至40%左右，然后整体扫涂，并在底部重复多次，形成云逐渐隐于天空的效果。

"主云"图层中的云在画面中占比较大，需要深入刻画，因此可以在其上方根据需求添加多个剪辑蒙版。

"二分阴影"图层主要是针对云的光影关系画阴影部分，在参考照片的基础上，可以根据云的大轮廓趋势和节奏美感主观地美化阴影形状。

要注意的是，右图中画圈部分的画法类似于"云低"图层中的处理：即先吸取云底部周围天空的颜色，再降低不透明度至10%左右，在底部重复扫涂多次，形成云逐渐隐于天空的效果。

"灰面过渡"图层主要是在云的明暗交界处增加灰面，选择偏暖的颜色会让画面冷暖平衡更棒。但是要避免在所有的明暗交界处都画上灰面，只在暗面凸起处增加灰面过渡色，节奏感更佳。

"暗面加重"图层主要是增加暗面的调子。可以根据参考照片在画面中云比较厚的地方增加暗面的调子，让云更立体。

在草地刻画中，根据透视色彩理论，在"草地底色"图层上添加多个剪辑蒙版。

首先是平涂"草地过渡色"图层；其次平涂"近处草地"图层，注意色彩倾向逐渐变暖；接着平涂"草地色彩细化"图层，主要是增加山和草地之间的色彩衔接（把草地和山的颜色混合调色后得到一个中间色，然后再提亮），强化透视色彩的冷暖表现（远处更冷，近处更暖）。上述步骤用的笔刷是"干油墨"。

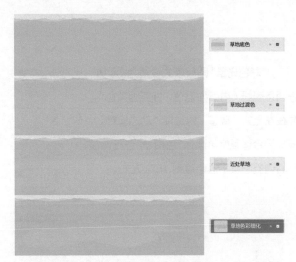

用"大映卡"笔刷画草地的纹理。像画小斜杠一样运笔，并使这些斜杠都紧挨在一起，就能画出下方的草地纹理。

再根据草稿中的安排，复制这些纹理，形成"纹理1~6"图层。按照近大远小的透视关系调整纹理大小，并根据其所在草地周围的颜色调整成更合适的颜色。为了让纹理不呆板，我们可以用橡皮（笔刷选择"大映卡"）擦出更随意的纹理感，最终效果如右图所示。

接着画地面上的元素。直接对"栏杆""栏杆（近）""羊""树""树干"等图层进行阿尔法锁定，然后画出阴影。如果没有把握，可以添加剪辑蒙版来画。

新建"星星"图层，用"边缘"笔刷画3颗随着风向倾斜的黄色星星，主要是增加画面的暖色点缀，让画面更活泼。

"彩色光晕"图层模式设置为"添加"，画两条弧线（内弧为蓝色、外弧为黄色），并在左上方"调整"内选择"动态模糊"，模糊到合适程度再选择"色相差"进行调整，最后调整图层不透明度到15%左右。

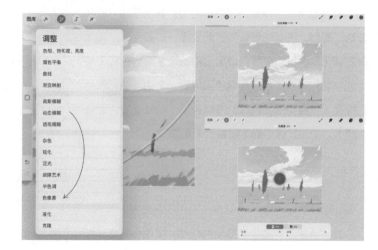

对近处的图层，如"纹理1""纹理2""栏杆（近）"进行"动态模糊"调整，增加画面动态美感。

在"图层32"中填充暖白色，然后将图层模式设置为"正片叠底"，并在左上角的"调整"工具中选择杂色，增加画面质感。

最终效果如右图所示。

● 3.1.4 作品赏析

在笔者的早期作品中，云朵偏厚涂风格，注重写实，比较考验素描功底且比较费时。

现在画云趋向于简化，云朵更多是为画面服务。

3.2　树

● 3.2.1 单棵树的造型用色分析

概括

在熟练的情况下，可以仅用线条概括树干走向。

如果不太熟练，或者树作为视觉重心需要深入刻画，则可以更细致地概括主干和大侧枝，注意在概括中保留枝干的转折特征。

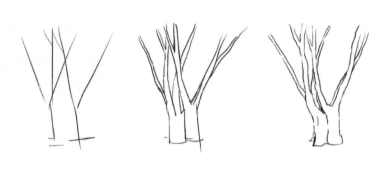

对于大部分的树冠，可以概括成不规则的"圆形"。用形状概括的时候，注意分出哪个形状在前，哪个形状在后，规划好前后遮挡关系。

特征化

树干表面凹凸不平，因此枝干铺色时，外边缘切忌画得过于平滑，可以用一些外边缘不规则的笔刷，如"干油墨""大映卡"来表现。

此外，还有些常见错误：左一的树干笔触缺少轻重变化，所有的枝干都非常"紧密"地连接，缺少虚实变化；左二的树干上粗下细，不符合实际；左三的树干完全笔直，缺少自然枝干的弯曲度。

我们可以参考最右边的树，细枝和主干之间留足缝隙，粗细安排符合实际，轻轻抖动着画枝干线条。

树的种类不同，树冠特征也不尽相同。那么该如何表现其特征呢？

一方面，刻画特定的树冠剪影。用"大映卡"笔刷根据枝叶的形态和生长方向，画出树冠背光面的大色块。

另一方面，在受光面增加特定树叶细节。用"大映卡"笔刷根据枝叶的形态和生长方向，画出二分下的受光面，并在受光面刻画树叶破碎、不规则的边缘。

光影与色彩

假设在相同的自然光下，分别画下了 a、b、c、d 这 4 丛灌木，其黑白效果类似。但在大众审美中，我们会认为 b、c 灌木好看，而 a、d 灌木偏 "丑"。那么，不同的色彩呈现效果有何差异呢？

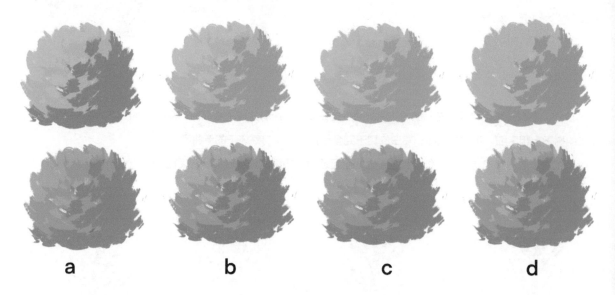

从色彩三属性进行分析。

明度上，从黑白验证可知，a、b、c、d 灌木均是亮面 > 灰面 > 暗面。

饱和度上，a 灌木是亮面 > 灰面 > 暗面；b 灌木是亮面 ≤ 灰面 < 暗面；c 灌木是亮面 ≥ 灰面 < 暗面；d 灌木是亮面 ≥ 灰面 < 暗面。

色相上，a、b 灌木的亮面、灰面、暗面基本上无色相变化；c 灌木亮面和灰面的色相在色盘上相距 15°，灰面和暗面的色相在色盘上相距 35°；d 灌木亮面和灰面的色相在色盘上相距 30°，灰面和暗面的色相在色盘上相距 60°。

因此，为了得到类似 b、c 灌木的效果，我们可以遵循以下原则进行绘制。

明度上，要符合亮面 > 灰面 > 暗面的黑白关系；饱和度上，要确保暗面饱和度最高，亮面和灰面饱和度相当；色相上，亮面与灰面间取色色彩跨度约小于 15°，灰面与暗面间取色色彩跨度约小于 40°。

接下来，我们根据光影关系给树上色。树冠是由多个不规则的 "球体" 组成的，我们对其中一个 "树团" 做受光分析。如果太阳在树的右上方，则可以得到 "树团" 的二分、三面；再将多个 "树团" 进行组合，即可得到一棵完整的树，如右图所示。

丰富亮面。根据光的方向性，上方的"树团"靠光近，则亮面面积大且集中，色彩偏暖，可以在上方亮面增加偏黄倾向的颜色。可以对"亮面"图层进行阿尔法锁定，用"软画笔"笔刷吸取饱和度更高、更暖、更亮的颜色（红色箭头），沿着光的方向从右上方向下扫涂。

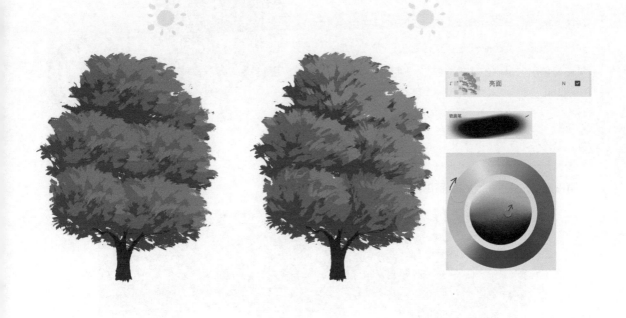

丰富暗面。下方的"树团"离光远，则亮面面积小且分散，色彩偏冷，可以在下方暗面增加偏蓝倾向的颜色。可以对"暗面"图层进行阿尔法锁定，用"软画笔"笔刷吸取饱和度更高、更冷、更暗的颜色（红色箭头），逆着光的方向从左下方向上扫涂。

接着完善树干刻画。选择"视觉上"偏暖的灰棕色画树干固有色，同时在树的暗面缝隙中画上小树枝。

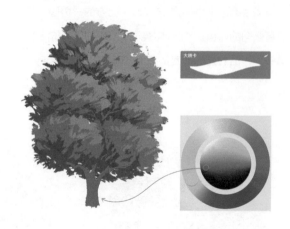

> 注意：此时的"灰棕色"实际是色盘中的蓝灰色。因为树冠整体偏冷，所以树干的蓝灰色在对比下偏暖，看起来就是"灰棕色"的效果。如果直接使用色盘中的"灰棕色"，则整体色彩对比会过于强烈。
>
> 此外，树干固有色明度不要低于树冠暗面明度，避免树干太黑、太突兀。

再根据受光分析，增加暗面和亮面。

不同种类的树

示例图为常见叶树，笔刷选择"大映卡"。

示例图 — 线稿概括 – 暗面剪影

增加灰面－增加亮面－丰富亮面和暗面（根据光的方向性）

示例图为柏树，笔刷选择"大映卡"。

示例图 — 线稿概括－暗面剪影－亮面－丰富亮面和暗面（根据光的方向性）

示例图为棕榈树，笔刷选择"大映卡"。

示例图 — 线稿概括－固有色－亮面

丰富固有色（下方偏黄、上方偏绿）–丰富亮面（下方偏黄、上方偏绿）–增加暗面

示例图为柳树，树干笔刷选择"大映卡"，树叶笔刷选择"斯提克斯"。

示例图 — 线稿概括–暗面–亮面–丰富亮面（根据光照提亮右上方）–丰富暗面

● 3.2.2 树林的造型用色分析

在大场景中，树林可以概括成"厚毛毯"，毛毯厚度就是树林的平均高度。

如下页图所示，树林像是覆盖在山坡上的毛毯，其中黄色就是毛毯的表面，蓝色就是毛毯的侧面，即厚度。

　　我们可以尝试像画毛毯一样，画一片树林。平地上的树林可以概括成长方体，然后用"大映卡"笔刷沿着树的生长方向给长方体刷上固有色。接着画出长方体的暗面，由于树生长不规则，因此保证大部分树达到平均高度即可。同时在长方体上方，用"大映卡"笔刷点涂的方式画出像毛毯一样的毛茸茸纹理。最后，丰富暗面颜色，用"大映卡"笔刷点涂少量偏冷、偏重的色彩在暗面下部，再增加几棵分散的树，构图更佳。

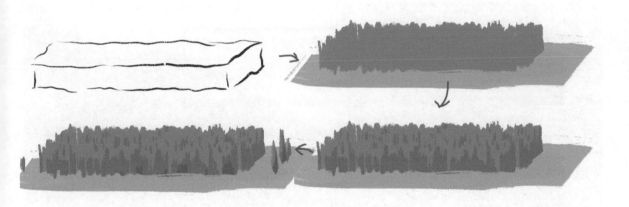

　　当我们想通过树林表现空间辽阔的时候，可以根据透视色彩原理，先把树林拆分成更远处、远处、近处等多块由远到近的小树林。

　　在用色方面，从远到近，色彩逐渐变深，对比度逐渐加强，饱和度逐渐升高。在刻画方面，从远到近，细节越来越多，纹理越来越密集。

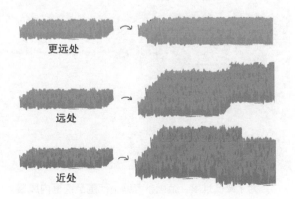

然后将这些小树林组合起来，形成一片宽广辽阔的树林。

● 3.2.3 Procreate 绘画步骤示范

参考照片

为了降低难度，范画参考缩小范围至红框内风景。

　　打开一个大小为 1500px × 2000px、DPI 为 400 的画布，新建图层，用"干油墨"笔刷画线稿。本幅画难度较大，可以分 3 个图层画线稿（红色九宫格线仅作参考）。"大线稿"图层主要画大场景。为了简化画面难度，同时让画面构成更加灵动，可以在参考照片的基础上用河流代替湖面，并增加羊、云等元素丰富画面。

"近景树干"图层主要用于画近景的树干趋势。

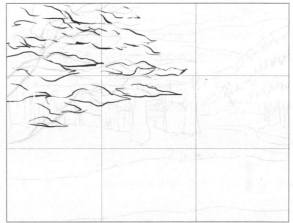

"近景树叶"图层主要用于标记近景树叶范围。

固有色

　　降低线稿图层的不透明度，并将其置于最上方。然后一个颜色一个图层，给画面上固有色，全程使用"大映卡"笔刷。

　　新建图层，从远到近依次画天空、地面和树。"天空""云"图层按照 3.1.1 小节和 3.1.2 小节介绍的画法上色涂抹即可。地面分为"大河""草地"两个图层，并将"河岸线""河流"图层设为"草地"图层的剪辑蒙版。接着根据树的不同形式、不同位置，分为"左后群树""右后群树""后排树""圆红树""前排绿树"图层，注意表现色彩逐渐变暖的趋势。两只羊放在"羊"图层。前景树分为"近景树叶""近景树干""暗面树叶""树干"。

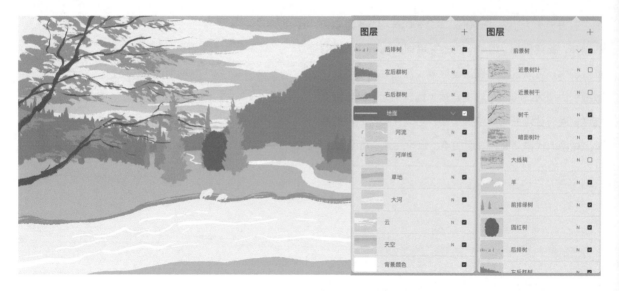

细化

当画面层次足够复杂时，天空作为大背景可以尽量简化，不需要强调云朵体积。对"云"图层进行阿尔法锁定，吸取天空下方颜色（红圈部分），用"大映卡"笔刷对下方的云朵平涂该色。

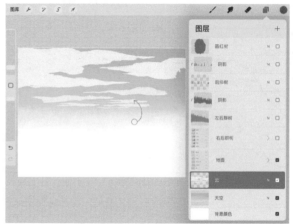

接着完善"右后群树"图层。根据线稿用"大映卡"笔刷在"高层次""中层次""下层次""底层"图层上色，边缘可以用点涂的方式，让其破碎些。色彩上，色相逐渐趋于绿色，明度逐渐降低，饱和度逐渐升高，呈现逐渐拉近距离的效果。当然，由于"右后群树"图层中的内容处于远处，所以色彩变化要尽可能小。

形状上，保证每个层次能被看到的部分呈现近大远小的关系。

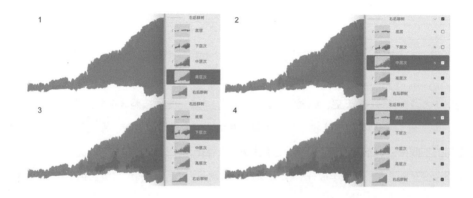

分别对"右后群树""高层次""中层次""下层次"图层进行阿尔法锁定，然后吸取高饱和的红色和黄色，降低"大映卡"笔刷不透明度至 7% 左右，依次在上述图层边缘处点涂。

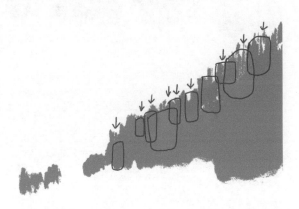

以"高层次"图层为例，圈起来的地方就是点涂的区域。点涂时注意笔触方向统一（红箭头），避免画面混乱。

在使用低透明度笔刷的过程中，要注意一笔点涂一个位置，两个点涂位置尽量不要多次交叠，否则会产生多层叠色，造成颜色混乱显脏。

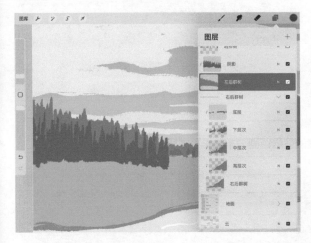

考虑到会被前景的树遮挡，"左后群树"可以画得简单些。在"左后群树"图层上方添加"阴影"图层作为剪辑蒙版，注意阴影外边缘要有树的剪影形状。相较于"左后群树"图层中的固有色，阴影的明度降低、饱和度提高，突出暗面色彩特征。

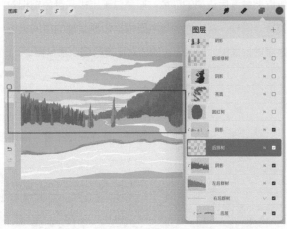

在"后排树"图层中开始对树按"棵"刻画。在固有色上，由于视觉重心位于中间位置，因此中间的树明度高，更鲜亮；两边的树明度低，更接近左右后群树的色彩。相应地，中间的树的阴影明度低，强化对比；两边的树的阴影明度低，弱化对比。

"圆红树"作为视觉重心中最突出的存在，要细致刻画。在其固有色的基础上添加"亮面"和"阴影"图层作为剪辑蒙版，全程使用"大映卡"笔刷。

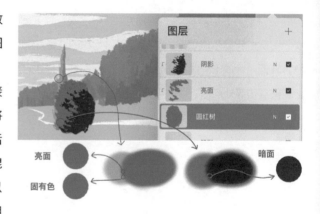

值得注意的是，画面绿色占比较大，若固有色直接选择红色，则色相跨度太大。可以用"软画笔"笔刷将画面中相近位置的绿色和"直觉颜色"画在一起，然后吸取二者混合后的颜色作为固有色。同理，吸取二者混合后的颜色中更偏红的颜色作为"亮面"颜色。也可以将固有色与阴影的"直觉颜色"进行混合调色，得到"阴影"颜色。

其中，"直觉颜色"就是第一眼看到色彩的感受。参考照片中的树是红色的，那么选择相当明度的、高饱和度的红色即可；参考照片中树的阴影是绿色的，那么选择低明度的、高饱和度的深绿色即可。由于每个人的感受不同，调色效果肯定有所差别，但这就是艺术魅力，要多调色多尝试。

对"前排绿树"图层进行阿尔法锁定，重新上色。因为左边的绿树最靠前，所以相较于其余两棵树的色彩，饱和度最高、色相最暖。右边的小灌木丛仅作为点缀，所以要参考后边树的颜色，避免过于出挑，且色相相对偏冷。同理，背光面的颜色要根据想要呈现的空间远近效果进行搭配，确保左边的树对比度最强、最显眼。

为"羊"图层添加剪辑蒙版，选择高饱和度、高明度的蓝绿色画"羊阴影"图层。

在草地刻画中，根据透视色彩理论，在"草地"图层上添加多个剪辑蒙版，全程使用"大映卡"笔刷。

首先是平涂"草地前景"图层（红圈），色彩比草地底色要更暖、更重些，达到视觉上靠前的效果；其次平涂"视觉重心引导"图层（黄圈），注意色彩倾向逐渐变暖，强调视觉重心；接着对"河流"图层进行阿尔法锁定，在"草地前景"图层中将河流涂成蓝灰色。

新建"地面投影"图层，图层模式选择"正片叠底"，将其设为"草地"图层的剪辑蒙版。

色彩上，选择蓝绿色画地面元素的投影，注意画面元素越靠前，投影效果越强烈，色盘取色也逐渐往右下方移动。右图为"地面投影"图层为正常模式时（反映真实取色）的效果。

在前景黄叶树的刻画上，在原来"暗面树叶""树干"固有色图层的基础上增加"亮面树叶"图层。色彩上，可以大胆往黄色方向选，和大河后边的冷色风景拉开距离。

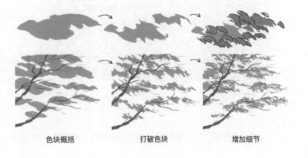

对于这种细节较多的树叶，我们可以先根据草稿用"大映卡"笔刷画出树叶集中的色块区域；接着使用橡皮（选择"大映卡"笔刷）快速擦出破碎边缘；最后使用画笔，将"大映卡"笔刷尺寸缩小，用点涂的方式围绕着色块边缘画叶子。

色块概括　　　　打破色块　　　　增加细节

　　新建"落叶"图层，增加一些纷飞落叶点缀画面。也可以点击左上方的"调整"工具，选择"动态模糊"，让树叶亮面和落叶更灵动。

　　最终效果如右图所示。

● 3.2.4 作品赏析

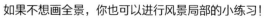

　　如果不想画全景，你也可以进行风景局部的小练习！

3.3　草地

草地的画法可以很简单也可以很复杂，可以直接用绿色平涂画一块草地，也可以一笔一笔描摹草地枝叶细节。那么如何把握深入刻画的度呢？

一方面，取决于草的体量。例如对于大片辽阔的草地，我们一般尽量概括成色块。而针对画面占比较大的小草丛，我们会对其深入刻画。

另一方面，取决于草地所在位置。画面中近景的草地、距离视觉重心较近的草地都是深入刻画的对象，最好在这部分增加草地细节。

> 草地的细节刻画从客观上讲，包括草地地势、草地明暗面刻画、草地枝叶特征刻画、草地空间色彩；从主观上讲，包括草地用色安排、纹理简化。

● 3.3.1　草丛的造型用色分析

下面以画面占比较大的草丛为例来介绍草地"深入刻画"的步骤。

画出草丛的剪影底色，简单概括即可，色彩上选择偏冷的、明度低的、饱和度高的颜色。

观察植物，找到枝叶的"共同特征"（红线圈起处），简单概括出来。

新建图层，用较亮于底色的颜色画出"次暗面"，"次暗面"就是这些"共同特征"的组合。

新建图层，从暗到亮，依次在"暗面""次亮面""亮面"图层上色。

色彩上，注意表现颜色逐渐变暖、变亮的趋势。位置分布上，根据光的方向性确定亮面、暗面的位置。一般情况下，草丛顶部受光，因此"亮面"靠上，而"暗面"靠下。

细化剪影。根据草丛中草枝走势修剪边缘，同时在边缘画些离散的叶子来丰富剪影。

复制多个草丛。若横向排列这些草丛，就可以得到一个花圃。造型上，可以调整复制后的草丛大小，或者将其水平翻转，这样的组合造型更丰富多变。

纵向排列这些草丛，就可以得到一面花墙。

根据光的衰减规律，从上到下调整草丛光感，使其呈现逐渐变暖、变亮的趋势。（选中花墙上部的草丛，执行"调整"–"色相、饱和度、亮度"调整，提高亮度，使色相往绿色偏移。）

选中花墙中部的草丛，执行"调整"–"色相、饱和度、亮度"调整。注意亮度和色相冷暖要介于花墙上部和下部之间。

> 深入刻画草丛首先要找到草枝的"共同特征"，其次要根据受光分析，画出由暗到亮的层次。
> 在掌握这个规律后，也可以尝试画其他草丛。

● 3.3.2 草地的造型用色分析

本小节主要围绕着如何丰富草地刻画，让草地概括而不失主要特征展开讲解。本小节的方法较多，在未来绘画实践中可以有取舍地使用。

> 对于低矮的草地，我们可以用简单的色彩概括，并选择性地增加草地肌理。
> 草地色彩概括取决于视觉重心、空间远近和地势变化。

视觉重心

在视觉重心所在的草地上增加"不一样的颜色"，通常是增加更鲜艳、更亮的颜色。例如下方右图在视觉重心（二人在骑马）所在的草地上增加了黄绿色，看起来就像是打了聚光灯，强化了视觉重心，引导了观众视线。

色彩分配

观察右方照片，这是个理想的空间色彩分布。可以看到，越往远处走，草地的颜色越冷，饱和度越低，明暗对比越弱。

在绘画的过程中，我们利用这个规律，可以极大化地丰富草地色彩。注意色彩分配也遵循近大远小的原则，可以安排 20% 的远处草色（比固有色冷的颜色）和 80% 的近处草色（比固有色暖的颜色），该比例不唯一，但要体现近大远小。

色彩上，先平铺固有色。然后在固有色的基础上，通过微调（红色箭头）颜色，让颜色呈现空间透视效果。

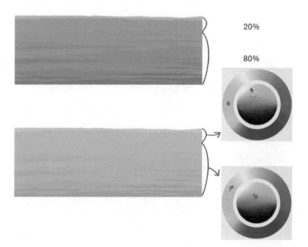

地势变化

如果平坦的草地上隆起了小土坡，可以尝试进行如下处理。

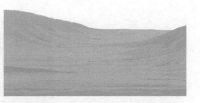

根据受光情况，在小土坡的背光面增加阴影。

调和平地和小土坡处的颜色，获得二者的中间色，用中间色衔接平地和小土坡，注意顺着坡的走向上色。

找到比坡的固有色更重的颜色，顺着坡的走向画坡度趋势线。

> 草地肌理（草枝细节）的增加主要取决于视觉重心、明暗变化、空间远近。

视觉重心

可以主观地在视觉重心（红圈）处增加更多枝叶细节，从而强化视觉重心。

明暗变化

在明暗交界处，草枝细节会显得格外明显，可以用"大映卡""细枝"等笔刷来画草枝细节。

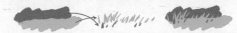

空间远近

可以先划分画面中近景，然后在中近景处增加草枝纹理（红色箭头指向处），注意越近颜色越鲜明。

对于有一定高度的草地，可以结合上一小节草丛部分的知识来绘制。可以把草地看成一块有厚度的"毛毯"，其中黄色是顶面，蓝色是"草地"厚度，即侧面。

用"大映卡"笔刷平铺草地底色。

在底色基础上增加从远到近的色块分布，颜色逐渐加深。

涂抹近处的色块，涂抹笔刷选择"软画笔"，记得降低笔刷不透明度，避免过度涂抹。

吸取对应色块的颜色，缩小"大映卡"笔刷，从远到近增加顶面草枝细节。

按照上一小节中深入刻画草丛的方式，从深到浅加入侧面草枝细节，最后点缀上顶面草枝高光和侧面的动态草枝。

有花的草地也是我们经常描绘的对象。

在绘制花海之前，首先要学会如何分布花朵。

   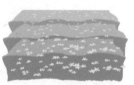

避免花朵分布太均匀。

避免远近花朵的大小一致，否则空间延伸感会不足。

避免花朵形态单一。除了要有"立起来"的花朵，还要有"躺倒"的花朵。

避免完全不顾草地体积特征，在草地侧面过多安排花朵。

无论草地低矮或高挑，花朵通常"成群"地分布在草地顶面。因此可以在草地顶面上新建"花近处（顶面）"图层来画花。近处的花朵可以清晰地画出形态，远处的花朵可以简化成点来代替。

接着新建"花（隐草中）"图层，画出几朵部分被草枝遮挡的花朵。然后在最上方新建"花动态模糊（侧面）"图层，在靠近画面边缘的地方增加几朵大且具有动感的花朵。

为了表达花朵繁多的景象，我们也可以在草地远处增加一些色块，色彩介于花色和草色之间，营造出花海的感觉。

● 3.3.3 Procreate 绘画步骤示范

参考照片

线稿

打开一个大小为 1500px × 2000px、DPI 为 400 的画布，新建图层，用"干油墨"笔刷画线稿。视觉重心（大巴车）放在三分线上，围绕着大巴车增加小元素，如站牌、羊来丰富视觉重心。同时为了让画面氛围感更强，增加风的影响，所以所有元素都统一了倾斜方向。

固有色

降低线稿图层不透明度，并将其置于最上方。然后一个颜色一个图层，给画面上固有色。其中远近草坡使用"大映卡"笔刷快速扫涂大色块，并在近处草坡边缘增加草枝细节：用"大映卡"笔刷像点"顿号"一样点出草枝。其余元素使用"边缘"笔刷上色。在画大巴车的时候，不需要画笔直的线条，可以画得抖动些，涂色时要有少量留白，保留手绘质感。

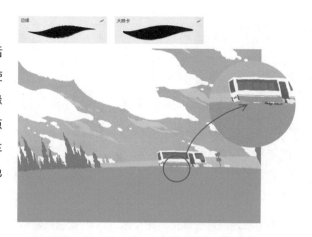

从图层角度分析，根据云所在的位置不同划分了两个图层，分别是"后云"和"主云"。大巴也分为两个图层，分别是"底色"和"窗户装饰"。"底色"图层相当于大巴的剪影，窗户装饰直接在"底色"图层上添加剪辑蒙版来画即可。如果对车窗户细节的绘制没有把握，也可以把图层分得更细，如设置"窗户底色""窗户亮色"等图层。

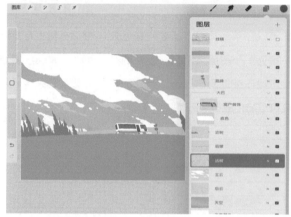

细化

在云朵刻画中，全程使用"边缘"笔刷。在"主云"图层中，根据草稿平涂即可，在边缘处可以放大笔刷一笔画完，保留笔刷质感。云朵尾部星星点点的小云则可以通过点涂的方式绘制，使其像晕开的墨滴一样圆润自然。

然后为"主云"图层添加剪辑蒙版，根据草稿中云的体积关系画云的二分阴影。

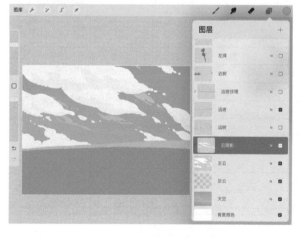

"后云"图层中的云属于天空中位置偏高的云，为了让后云色彩更丰富，可以对该图层进行阿尔法锁定，将画面上方的后云饱和度稍提高些，色相也稍偏暖一点。

对"近树"图层进行阿尔法锁定，选择"边缘"笔刷，先用偏蓝、偏重的绿色画树木剪影，营造前后分布的空间感。再在另一部分树木上端涂上稍暖、稍浅的绿色，因为更靠近太阳，所以光感更强，注意色彩变化不要太大。

接着完善坡上的其他元素。对"站牌"图层进行阿尔法锁定，增加二分阴影，注意提高阴影饱和度。然后复制"站牌"图层，将其置于"近树"图层上方，将站牌移至左边树中，主要是为了平衡冷暖。

为"底色"图层添加剪辑蒙版，在"阴影"图层中画出车底阴影、门窗下阴影和轮胎细节等。

增加"星星"图层，画出星星点缀在大巴车周围。

为"远坡"图层添加剪辑蒙版 —— "远坡纹理"图层。用"斯提克斯"笔刷选择明度更低、饱和度更高的绿色，轻轻地横向扫涂远坡右上方区域（下图红圈处），增加远坡纹理。

为"前坡"图层添加剪辑蒙版。由于坡顶、坡底受光程度不同，所以色彩呈现不同。坡顶靠近太阳，颜色更亮更暖，坡底远离太阳，颜色更暗更冷。同时又因为视觉重心在大巴车上，所以可以将最暖最亮的颜色分配在坡顶大巴附近。

在"色彩"图层中，用"尼科滚动"笔刷给草坡画出色彩变化。靠近上方的草地可以选择高饱和的黄绿色，沿着红色箭头的方向轻轻扫涂。靠近下方的草地可以选择高饱和的绿色，沿着蓝色箭头的方向轻轻扫涂。注意感受色彩的轻微变化，运笔不宜过重。

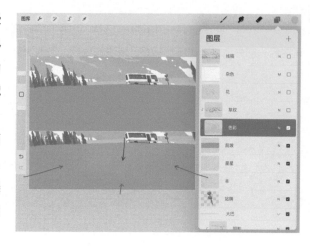

接着新建"草纹"图层来画草地细节。按照草稿中预画的横线，用"大映卡"笔刷像画"斜杠"一样有节奏地沿着草稿增加草纹。纵向上，由于近大远小的空间透视，远处的草纹小而密集，近处的草纹大而开阔；横向上，靠近视觉重心处，草纹密集，远离视觉重心处，草纹稀疏。

对"草纹"图层进行阿尔法锁定，为靠近视觉重心的草纹涂上更亮更暖的绿色。一方面可以引导视觉重心，另一方面也能体现出靠近上方的草受到了更强的光照。

新建"花"图层，画出一些薰衣草形状的花作点缀。同理，对"花"图层进行阿尔法锁定，为靠近视觉重心的花涂上更亮、更暖的颜色。

在"杂色"图层填充暖白色，然后将图层模式设置为"正片叠底"，并在左上角的"调整"工具中选择"杂色"，增加画面质感。

最终效果如下图所示。

● 3.3.4 作品赏析

草地概括的方式很多，多去尝试不同的概括方式，才能发现适合自己的表达方式。

画面中蓝绿色草地占比多时，可以画点裸露的土地和暖色花朵来"暖暖场"。

3.4　水

海水是水的动态表现，湖水是水的静态表现，本节以海水和湖水为例来分析水的画法。当然这个分析不能完全覆盖形态多变的水，更多形式表现需要通过仔细的观察和分析来捕捉。

● 3.4.1 海水的造型用色分析

海面颜色丰富，主要受深浅程度、水体色彩、光照方向、时间、天气、遮挡物等影响。

深浅程度、水体色彩

浅水处会透出沙滩本色，而往深处走，海水逐渐变成深蓝色。我们可以先用"大映卡"笔刷画"沙滩"，再根据水体色彩在"海水浅"图层上色，并为"海水浅"图层添加"海水深浅控制"蒙版，橡皮选择"软画笔"笔刷，在"海水深浅控制"图层轻轻擦出浅水的感觉。最后用"尼科滚动"笔刷画"海水深"图层。

光照方向、时间

由于太阳光的方向性，辽阔海面的受光并不均匀，因此海面是存在亮暗过渡的。那么在亮暗基础上纯灰又是怎么分配的呢？

在白天时，太阳光接近于暖白色，海面亮部饱和度低、暗部饱和度高。而在清晨或者傍晚时分，太阳光接近于暖黄色或者橙红色，总体上海面亮部饱和度低且偏黄或者偏红，暗部饱和度高且偏蓝、偏紫。但是值得注意的是，亮部太阳光倒映处饱和度也偏高。

天气

雨后初晴，海面会笼罩水雾，海天相接处的界限变得模糊。

这也告诉我们，在画海天交界线的时候，可以选择涂抹工具，笔刷用"软画笔"，将海天的界限涂抹得更模糊朦胧，营造辽阔感（下左）。或者取二者间的颜色，填补界限处，让海天衔接得更自然（下右）。

遮挡物

由于天空中的云或者是水上的船只遮挡，海面会有投影。为了让画面更干净，可以选取饱和度更高的蓝色表现投影。

在浅水中，遮挡会在水底和水面分别形成投影，注意在刻画时体现双重投影。

海水作为动态水的代表，特征主要体现在波浪上。波浪强弱不同，刻画方式也不同。

动态感弱的波浪

波浪起伏小，用线条概括大致走向即可。近处线条短且颜色重，远处线条长、直且颜色轻。

用"软画笔"笔刷画出天空大概的色彩分布，然后用"大映卡"笔刷画出海的底色剪影，然后进行阿尔法锁定，用"软画笔"笔刷铺大色块，海面远景是蓝绿色＋橘红色的混色，海面近景是蓝绿色＋蓝色的混色。

用"大映卡"笔刷在大色块基础上吸色，然后沿着参考照片的波纹线方向扫涂。

动态感中等的波浪

具有动态感中等的波浪的海面像是凹凸不平的土地，高处是山，低处是谷，且山谷繁多，转折较柔。

用"大映卡"笔刷画出大致的色块分布；然后涂抹工具选择"大映卡"笔刷，顺着波浪纹理涂抹，这时候眯起眼睛就能观察到最大块的波浪起伏。

在原图的基础上进行简化和美化，用"大映卡"笔刷画出波浪的高光、纹理，再对"波浪"图层进行阿尔法锁定，根据色彩透视原理画出远近波浪的色彩变化。

简化和美化的思路就是理解细碎波浪间的关系，先明确波浪的走向（红色箭头），然后画出对应走向的大波浪（红色波浪），接着用更细的线条衔接大波浪（黄色波浪），最后补充细碎的小波浪（蓝色波浪）。

 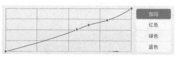

涂抹工具选择"大映卡"笔刷，处理较大波浪的边缘，使其更具海浪的柔和感。为了进一步美化效果，可以合并所有图层，然后点击左上方的"调整"-"曲线"，用"伽玛"曲线调整画面明暗对比。

动态感强的波浪

动态感强的波浪起伏更大，有更多锋利转折，会击打出浪花。

用"大映卡"笔刷分图层画出天空、沙滩和海的剪影，海后方参考动态感弱的波浪的画法。

新建图层，用"干油墨"笔刷画前排波浪，用"干油墨"笔刷能较好地表现泡沫感。

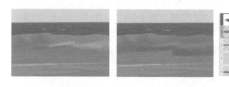

新建图层，用"大映卡"笔刷概括凸起的波浪，并进行阿尔法锁定，用"软画笔"笔刷画出波浪透光感。然后为"凸起波浪"图层添加"透光程度"蒙版，橡皮选择"软画笔"笔刷，在蒙版处擦出底色。

新建图层，用"干油墨"笔刷画出海浪的主要波纹趋势，然后用"斯提克斯"笔刷擦出边缘破碎感（擦除方式见蓝色波浪示范）并增加细小波纹（增加方式见红色波浪示范）。

对"波浪细化"图层进行阿尔法锁定，用"软画笔"笔刷画出浪花的色彩变化趋势，下方的薄浪透出海水而偏冷色，上方厚浪受阳光照射而偏暖色。然后用"干油墨"笔刷画出下方薄浪的亮面。

● 3.4.2 Procreate 绘画步骤示范 —— 海水

参考照片

主要参考右侧左图，灯塔元素参考右下图，同时添加飞鸟元素。

线稿

打开一个大小为 2048px × 2048px、DPI 为 400 的画布，新建图层，用"干油墨"笔刷画线稿。考虑到参考照片留白较多，因此压缩画面信息到正方形画布里。海平线和灯塔分别放在三分线上，围绕着灯塔增加小元素，如用飞鸟来丰富视觉重心。

天空

拖动天蓝色填充画布来画天空，然后用"软画笔"笔刷在"大气层"和"云"图层中上色。

水平扫涂出大范围。

调小笔刷画出细长的云。

橡皮选 "软画笔"笔刷，擦除边缘，使其更柔和。

海面

根据草稿画出海的剪影，然后选择"调整"－"高斯模糊"，模糊至10%。

　　为"海剪影"图层添加剪辑蒙版，然后用"软画笔"笔刷画出海面颜色分布，从远到近色相由紫到蓝再到绿，明度和饱和度也逐渐提高。

　　用"大映卡"笔刷画出近处波纹，颜色饱和度可以高些，这样水面会更清透。然后橡皮选择"软画笔"笔刷，轻轻擦低远处波纹的不透明度。

　　用"烧焦的树"笔刷水平画出波纹，然后橡皮选择"斯提克斯"笔刷，擦出细碎的浪花感，画出远处海浪。

　　复制"远处海浪"图层，并选择"变形变换"－"自由变换"，将远处海浪间距拉大形成中处海浪、近处海浪。

　　用"大映卡"笔刷画出近处更具体的海浪，在灯塔处可以点涂些浪点。

灯塔

用"大映卡"笔刷平涂画出灯塔基本配色，将红色和黑色的饱和度降低、明度提高，在空间上拉远。

用"大映卡"笔刷画大面积的阴影，颜色偏绿。

画出更深的阴影，颜色偏蓝。

用"大映卡"笔刷画出礁石，并增加对应阴影。

树

用"大映卡"笔刷画出逆光的"黑叶"部分。先画出大致范围（红色），再缩小笔刷后点涂出枝叶细节（紫色）。涂抹工具选择"大映卡"笔刷，涂抹部分枝叶以营造动态感。

同理画出"蓝叶"。

同理画出"绿叶"，用黄绿色彩搭配点亮画面。

用"大映卡"笔刷画出枝干。

飞鸟

　　"近处鸟"图层组置于"灯塔与礁石"图层组之上，作为近景处理。用"大映卡"笔刷画出剪影，做二分阴影，并增加翅膀和嘴的细节。

　　"远处鸟"图层组置于"灯塔与礁石"图层组之下，作为远景处理，不增加细节。

完成图

● 3.4.3 湖水的造型用色分析

相较于海水的波涛汹涌，湖面给人的感觉相对平静。倒影是静态水的主要特征，本小节通过湖水的绘制步骤来归纳总结静态水的画法。

画湖周围风景

在线稿基础上，优先画好湖周围风景，湖面留白。

画地面景物倒影

在想要倒映的风景相关图层的"□"后打钩，以确保画布上仅有倒影风景。然后三指下滑画布，在弹出的选项中选择"全部拷贝"，接着在"云"图层上方新建"后树倒影"图层，再次三指下滑画布，在弹出的选项中选择"粘贴"。

再将"后树倒影"图层垂直翻转，根据参考照片放在恰当位置，则可以得到湖面倒影。

接着，选择"调整"—"动态模糊"，对"后树倒影"图层进行动态模糊。

如果画面中景物较高，尤其是出现长直的树干、电线杆等，则倒影末端会出现波纹。

可以在倒影末端（红圈处）进行"调整"-"液化"处理，在末端扫小"Z"字使其扭曲。注意液化形变产生的边缘留白（红色小箭头处）要再用画笔补充完整。

色彩上，由于湖面的倒影是原像的映射，所以相较于原像，饱和度、明度会降低，色彩偏冷（水面色彩偏冷）。在"后树倒影"图层中，点击左上方的"调整"-"色相、饱和度、亮度"，调整参数如右图所示。

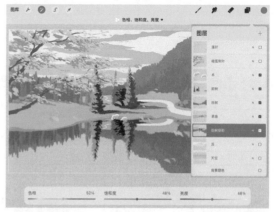

如果湖水本身带有颜色，则倒影中暗部会呈现湖水的颜色。

为了呈现上述水色倒影现象，可以在"后树倒影"图层上方添加"倒影水色"图层作为剪辑蒙版，用"尼科滚动"笔刷横扫水色，在倒影处加入蓝色水色。

近处的羊和草岸也会在湖面留下倒影。当湖岸不平整时，需要沿着湖岸画上一圈倒影。和"后树倒影"图层中的处理方法类似，先动态模糊，再色彩调整。需要注意的是，原像与倒影越接近，动态模糊和色彩调整程度越小。

当湖面细小波纹较多时，可以用更概括的笔触去画倒影。

涂抹工具选择"尼科滚动"笔刷，分别对后树倒影和湖岸倒影进行涂抹，注意垂直于湖岸的运笔方式，向下刷出倒影。

画天空倒影

如果湖水较浅，站在岸边观察会发现，在浅水部分是可以看到湖底的，而远离岸边的湖水逐渐显现出天空和周围景物的倒影，且在倒影的暗处又会显现出湖底细节。

这种视觉体验主要是由于光的反射、折射以及光的衰减造成的，可以理解为湖底离我们越远，光在水中的反射和折射衰减越厉害，我们的眼睛逐渐接收不到湖底反射的光，而是接收湖面倒影的反射光，因此湖底逐渐模糊。而倒影暗处的反射光又弱于湖底反射光，因此又能隐约看见湖底。

因此在画浅水湖时，要先铺湖底大色，在"后树倒影"图层下方新建"湖底"图层，填充黄灰色。

再新建图层画石头。

复制"天空"图层并垂直翻转，将其置于"湖底"图层上方，并将其设为"湖底"图层的剪辑蒙版。选择橡皮工具，选择"软画笔"笔刷，降低橡皮不透明度，慢慢擦出近处湖底。再将笔刷切换为"大映卡"，将水面上石头投影边缘干净利落地擦出来。

用"斯提克斯"笔刷点涂画出湖底沙石，主要画在近处湖面和暗面投影处。画完后可以进行阿尔法锁定，扫上偏蓝、偏红倾向的颜色，丰富沙石色彩。再使用"选取"工具圈出不需要擦除处理的部分，反转选区后就可以自由擦除其余部分。使用橡皮工具，选择"软画笔"笔刷，降低橡皮不透明度，慢慢擦出远处沙石的朦胧感。

最后新建"水石边缘高光"图层，围绕石头暗部边缘增加一圈白线。

如果是深水湖，当我们站在湖边观察，会发现光无法到达湖底，因此湖面看起来有个暗角。

因此在画深水湖时，可以直接复制"天空"图层并垂直翻转，然后将其置于"后树倒影"图层下方，命名为"天空倒影"图层，同时选择"调整"—"色相、饱和度、亮度"，降低明度、饱和度。

在"天空倒影"图层上方新建"加暗面"图层，图层模式选择"变暗"，然后用"软画笔"笔刷轻扫高饱和深蓝色，形成水面暗角。

画波纹

可以在所有倒影图层上方直接新建一个图层，然后用"大映卡"笔刷吸取元素周围的颜色，围绕着元素一笔笔水平画出波纹（图左）。也可以将所有倒影图层合并，然后直接在合并的图层上用涂抹工具横向刷出波纹（图右）。

● 3.4.4 Procreate 绘画步骤示范 —— 湖水

参考照片

线稿

打开一个大小为 1500px × 2000px、DPI 为 400 的画布，新建图层，用"干油墨"笔刷画线稿。这里将人换成羊，更适合新手练习。

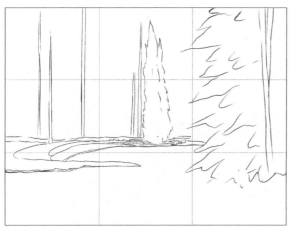

树林

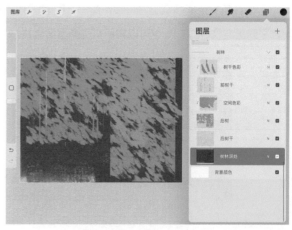

用"尼科滚动"笔刷先铺深蓝色，再扫深绿色，画出树林深处。

用"革木"笔刷画出后树。并为"后树"图层添加剪辑蒙版，用"大映卡"笔刷画出左冷右暖的空间分布，强化视觉重心的暖意。

用"大映卡"笔刷画出前后树干，然后选择橡皮，用"革木"笔刷轻轻擦出枝叶遮挡树干的感觉（红线为擦除指示线）。

为"前树干"图层添加剪辑蒙版，用"大映卡"笔刷在底部涂暖棕色来丰富画面色彩。

前景树

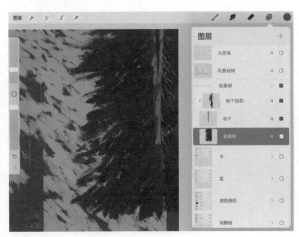

用"革木"笔刷画出前景树，可以点缀少量蓝色来丰富画面。用"大映卡"笔刷画树干，并为"树干"图层添加剪辑蒙版，用"革木"笔刷画出阴影。

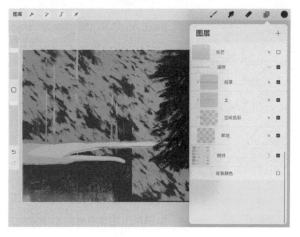

湖岸

用"大映卡"笔刷画出空间色彩分布，进一步将视觉重心锁定在羊周围。

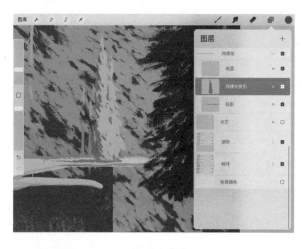

两棵树

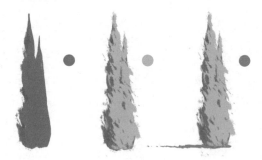

用"革木"笔刷画出两棵树的剪影和亮面，注意笔触方向要和背后的树一致。用"听盒"笔刷画出对应投影。

羊

用"边缘"笔刷画出羊的剪影，然后画出阴影和投影。

星与光

用"边缘"笔刷画出湖面上的星星。再画出星星形状的光芒，降低"光芒"图层的不透明度至30%左右。

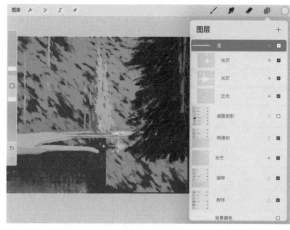

湖面倒影

"大映卡"笔刷画出湖面剪影。

分别复制"前景树""羊"等湖上风景图层组，然后将复制得到的图层组合并成一个图层。

将合并得到的图层垂直翻转并移动到"湖面剪影"图层上方，将其设为"湖面剪影"的剪辑蒙版。在"树林深处"图层中，涂抹工具选择"尼科滚动"笔刷，沿着竖直方向涂抹倒影，然后对倒影做 7% 左右的动态模糊处理。

选择"调整"-"液化"，使近处的水波纹横向波动。

同理依次对"前景树""湖岸""两棵树"等图层进行倒影处理。

新建"湖面暗影"图层，用"大映卡"笔刷画出蓝色的暗影剪影，选择橡皮，用"软画笔"笔刷轻轻擦出淡化的边缘，图层模式选择"正片叠底"。

完成图

● 3.4.5 作品赏析

　　每个人观察和表达事物的方法都不一样，同一个人在不同时间段观察和表达事物的方法也不一样。方法只是参考，多观察，多试着去表达、去绘画，才能更好地提升自己。

3.5 山

个人风景画中，山多在中远景中出现。大多数时候不需要过于细致地刻画，只需要用最简单的方式概括出山体特征即可。如果画面中山体较多，则需要针对群山区分前中后景层次，然后针对不同层次做区别刻画。

后景远而虚，看起来更接近平面，直接用色块概括即可。前景近而实，体积感更强，细节更多，需根据山体类型用更多笔触刻画。

● 3.5.1 山的造型用色分析

当画面中的山足够远时，就可以将其当成平面，用色块概括。用色块来概括山体时，需要注意以下几点。

- ●尽量缩小"色块山"在画面中的占比，避免山体色块单一使画面单调。
- ●可以尝试增加块面层次，即多画几层远山。
- ●避免山体起伏过于平均，可以让其高低起伏更丰富，更有节奏感。
- ●根据色彩透视的基本原理，明确远冷近暖、远虚近实的色彩安排。

当画面中的山足够近时，就要针对不同类型的山进行对应分析和概括。

有植被的山

当山体被草覆盖时，外轮廓比较柔和；山脊走向依稀可见，转折过渡也相对柔和；地面和山体的衔接柔和。如下图所示。

画出基本轮廓，并增加暗面来塑造山体体积。

客观＋主观地加入山脊（大趋势线）。尽量在合理的情况下简化、美化大趋势线，且根据山的远近刻画程度不同，多分配趋势线在"近山"上。参考照片加入白云投影。

当山体被树木覆盖时，由于树木高度相对一致，所以山体外轮廓相较于被草覆盖的山更加圆滑。小山脊走势基本被覆盖，只有巨大山谷、山脊的地貌依然显现。

画出基本轮廓。区分前景山、中景山和后景山的轮廓，且越往前轮廓细节越多，色相越暖。

针对后景山，画出纹理，表现山上的树。又由于后景山底下的树的色相明显偏暖，所以特地增加一排偏暖的树来丰富远山构成。最后画出后景山上的土地。

针对中景山，从远到近画出树的剪影层次，注意树的明暗节奏。色彩上，要将色彩明暗对比控制在前景山和后景山的明暗对比之间。

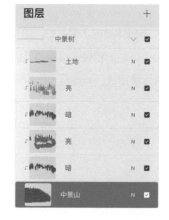

针对前景山，画出树的亮面，在色彩上要保证其对比度最强。

无植被的山

无植被的山主要由砂石构成，通常上方覆盖白雪。

画出基本轮廓，用"大映卡"笔刷客观 + 主观地加入山脊（大趋势线）。这里只需要用大趋势线表现出各山体的坡度，不要求画出准确的山脊线位置和数量。

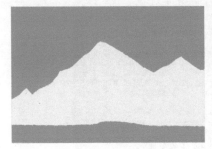

用"斯提克斯"笔刷沿着大趋势线的方向刷出山的肌理感；然后选择橡皮，用"大映卡"笔刷擦除留白；最后降低"大映卡"笔刷的不透明度至 30% 左右，擦出转折处肌理的弱化感。

根据受光情况用"大映卡"笔刷画出山的灰面和暗面，增强立体感。由于部分转折比较柔和，涂抹工具选择"软画笔"，在部分阴影边缘少量、多次地做涂抹，可以让阴影有硬有软。

131

混合型山

在较为宏大的画面中，山的高度差带来了温度变化，就会出现上方是雪山，下方是树山或者草山的混合型山。混合型山的绘制需要注意以下几点。

- ●优先画出裸山的纹理走势（大趋势线），这是在山上增加任何元素的基础。
- ●大场景中的草地和树林尽量当作"薄毯子"和"厚毯子"来概括，区分顶面受光面与侧面厚度，避免纠结于色彩和形状特征表现而难以下笔。
- ●草地、树林和山的交接处要避免过于僵直生硬，草地、树林的边界要根据山的坡度走势来画。

● 3.5.2 Procreate 绘画步骤示范

线稿

打开一个大小为 1500px × 2000px、DPI 为 400 的画布，新建图层，用"干油墨"笔刷画线稿。

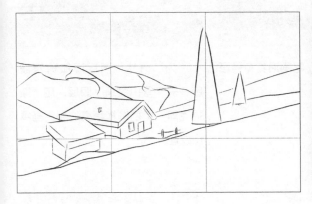

天空

拖动深蓝色填充画布，用"天空"图层作背景，然后用"软画笔"笔刷画出天光和暗角，色彩深浅可以通过图层不透明度灵活调整。

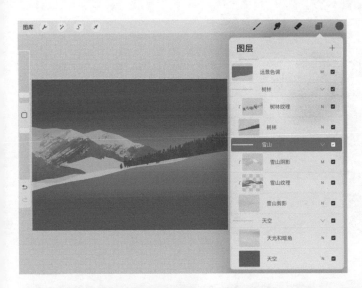

雪山和树林

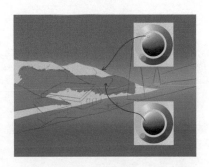

用"大映卡"笔刷沿着草稿画出雪山剪影，并为"雪山剪影"图层添加剪辑蒙版 ——"雪山纹理"图层。

选择橡皮，用"斯提克斯"刷笔沿着山坡趋势擦出纹理效果。

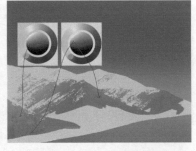

对"雪山纹理"进行阿尔法锁定，用"斯提克斯"笔刷竖直刷出深浅不一的颜色，营造有树的感觉。

选择橡皮，用"软画笔"笔刷擦出前深后浅的空间感。

新建图层，图层模式选择"正片叠底"，用"大映卡"笔刷画雪山阴影并涂抹过渡，进一步强化体

用"大映卡"笔刷沿着草稿画出树林。

为"树林"图层添加剪辑蒙版——"雪山纹理"图层，用"斯提克斯"笔刷选择稍亮的颜色画雪山纹理。

用"大映卡"笔刷画出远景范围，然后填充蓝绿色，调整图层模式为"正片叠底"。

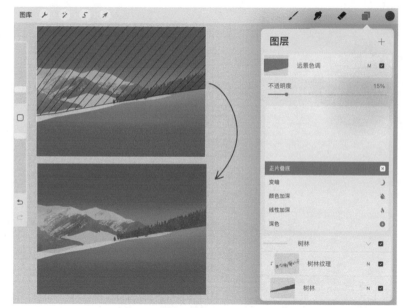

右房和左房

用"大映卡"笔刷平涂出雪地和近坡。

在"雪地"图层上方新建图层，用"大映卡"笔刷分别画左右房子的屋子剪影、屋顶剪影和烟囱。

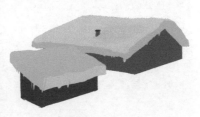

为左右房子的"屋顶剪影"图层添加剪辑蒙版，用"大映卡"笔刷画出二分阴影。

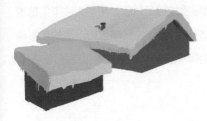

用"大映卡"笔刷画出屋顶侧边阴影和烟囱阴影、投影。

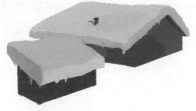

为右房的"屋子剪影"图层添加剪辑蒙版，用"听盒"笔刷画出左侧偏冷的环境色。

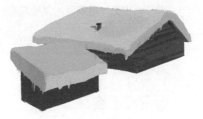

用"大映卡"笔刷吸取更浅的颜色沿着墙面横向刷出墙面纹理。

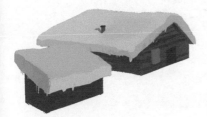

用"大映卡"笔刷画出门窗。

用"大映卡"笔刷在受光面画出更暖、更亮的暖色木纹。

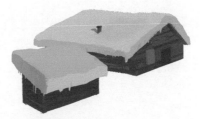

同理给左房画上墙面纹理、环境色和反光。

雪松和栏杆

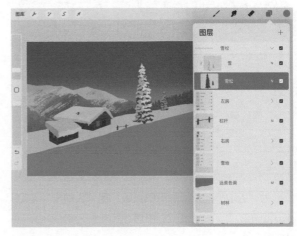

用"大映卡"笔刷画出雪松和栏杆。

为"雪松"图层添加剪辑蒙版，用"大映卡"笔刷画出雪松上的雪和树干。注意控制前后树上雪的色彩明度的差异，使空间感更强。

雪地和近坡

为"近坡"图层添加剪辑蒙版，用"大映卡"笔刷画近坡阴影。

为"雪地"图层添加剪辑蒙版，用"大映卡"笔刷画出中阴影。

为避免雪地平面阴影过于突兀，用"大映卡"笔刷画出浅阴影过渡。

用"大映卡"笔刷画深阴影进一步强化体积感。

在"近坡"图层组上方新建图层，用"大映卡"笔刷画出房子周围堆积的雪。

星星

用"听盒"笔刷点出繁星，然后在"星星"图层上方新建"光芒"图层，在其中画出繁星的光芒。

完成图

● 3.5.3 作品赏析

当画面中的山足够远时，形状就可以概括表现。

远处的山就像是"薄毯子"和"厚毯子"的组合。

3.6 人物

本章的第 6、7 节分别讲人物和动物，按理这些内容并不属于狭义中的风景要素。但很多时候，增加人物和动物会让画面更生动活泼，同时人物和动物很容易成为视觉重心，通过人物或者动物也可以传递画面想表达的氛围和情绪。在风景画中增加人物和动物需要注意以下几点。

配色要和画面氛围相协调。

人物肤色偏黄、偏白，显得人物病态（左下）；用偏暖、偏红的肤色，画面更有活力（右下）。

要和环境的光照情况相匹配。

下方左图中人物身上缺少树荫投影，比较生硬；下方右图中人物身上增加了树荫投影，人物和环境融合更自然。

要和周围元素多互动，形成前后遮挡关系。

下方左图中人物完全立于草地上，显得不真实；下方右图中人物的小腿部分被草丛遮挡，形成互动，画面更和谐。

避免多个人物或动物元素在画面中分散分布，这样会导致视觉重心分散。

下方左图中两个女孩分布在画面左右两边较远处，导致视觉重心被分散在两个地方，让人审美疲劳；下方右图直接删掉一个女孩，画面的视觉重心更明确了。

● 3.6.1 人体的结构、比例认识

对于人体的复杂结构，首先要建立体块的意识。人体中最重要的头部、胸腔和盆骨，可以一步步简化成长方体。重要关节和四肢可以简化成球体和线段。

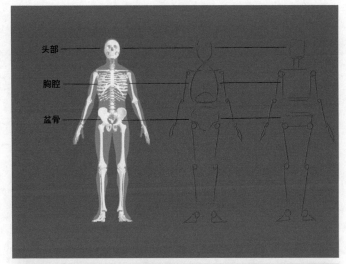

当人物躯干和头部简化为体块，即长方体时，就能比较准确地画出它们在不同角度和姿势下的空间透视。

右图展示了左侧 45° 角和右侧 45° 角的人体骨架，并画出了简化的人体结构。你可以尝试遮住右边的完成图，自行画出人体结构，进一步强化对体块的空间理解。

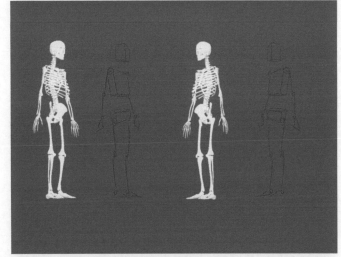

右图展示了俯视和仰视角度的人体骨架，并画出了简化的人体结构。你可以尝试遮住右边的完成图，自行画出人体结构，进一步强化对体块的空间理解。

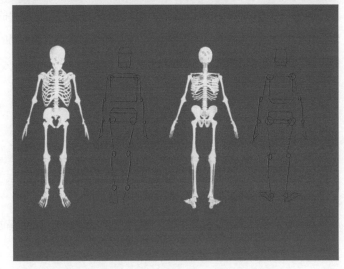

在风景绘画中，笔者习惯把人物缩小安排在比较大的风景中，因此对人物脸部五官塑造的要求较少，重要的是形体要准确。人体比例是形体准确中重要的一部分，要明确人物头身比，并画出对应条件下的躯干和四肢。

以8头身成年男女为例，归纳总结出如下人体比例。

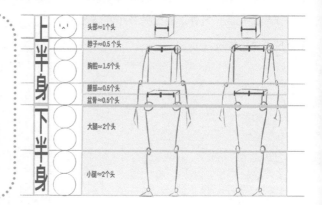

- 正常成年人上半身和下半身比例约1：1。
- 男性的肩宽≥2个头宽，胯宽≤肩宽。
- 女性的肩宽≤2个头宽，胯宽≥肩宽。
- 手臂的大、小臂和腿部的大、小腿默认等长。
- 手肘位置大概在胸腔底部，手腕位置大概在盆骨底部。
- 其余部位的高度和头部高度相对比例如右图。

前面论述的人体相对比例在不同头身比的成年男女中都是适用的，例如右图中的6头身、7头身。Q版人物中人体比例稍有变化，其头部占比变大，人物身体相对简化，比如右图中的2头身、3头身。

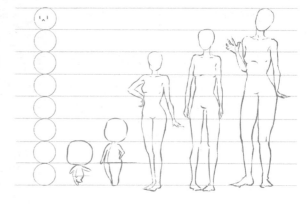

新手在绘画中不要纠结于画出准确漂亮的人体，可以从简单的2头身、3头身入手练习，增加绘画的信心。但是成年人人体结构的练习也不可少，只有不断练习才能收获流畅的线条和漂亮的人体。在上方理论知识的基础上，做正确的练习比错误的重复训练更有效。

● 3.6.2 静态站姿人体绘画示范

用紫色的圈表示肩部关节，用紫色的线表示胸腔扭动的程度。如果人体手臂自然下垂，相对平行，则可以用人体手肘的关节连线来验证肩部斜率。

用红色的圈表示大腿根部关节，用红色的线表示盆骨扭动的程度。

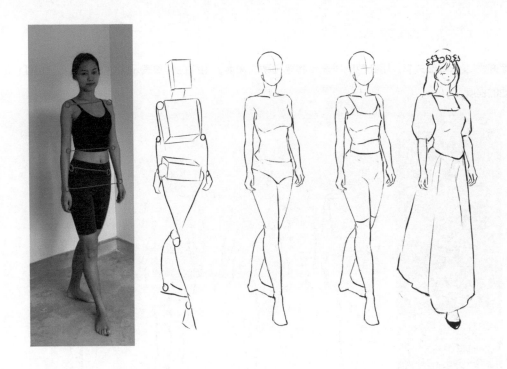

● 3.6.3 静态坐姿人体绘画示范

用紫色的圈表示肩部关节，用紫色的线表示胸腔扭动的程度；用红色的圈表示大腿根部关节，用红色的线表示盆骨扭动的程度。

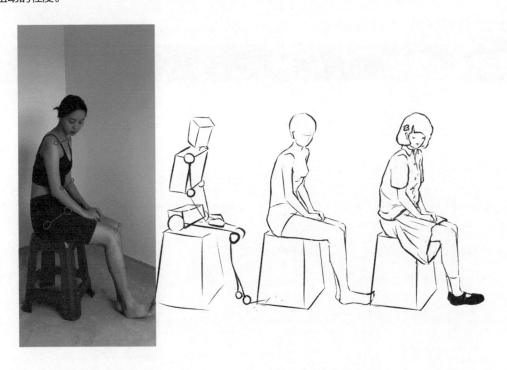

● **3.6.4 动态人体绘画示范**

用紫色的圈表示肩部关节，用红色的线表示胸腔扭动的程度；用红色的圈表示大腿根部关节，用红色的线表示盆骨扭动的程度。

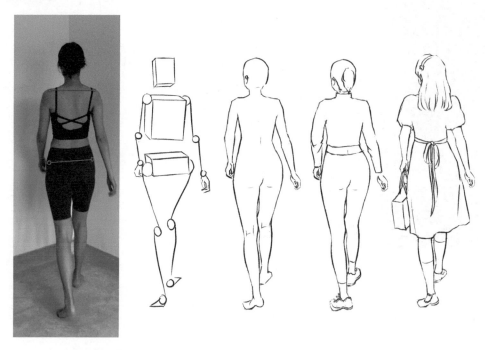

3.7 动物

● **3.7.1 风景中动物的绘制思路**

九宫格练习法：准确性练习

> 优点：九宫格练习法广泛适用于各类场景的线稿练习。
>
> 缺点：容易依赖九宫格定型，一旦没有九宫格就会无从下手。
>
> 因此九宫格练习仅作为绘画初期的练习方式。在提高抓型精确度后，可以尝试抓大放小，记忆大形状，然后在练习中靠记忆还原，而不是拘泥于点和线段，忽视整体。

设置画布

在 Procreate 软件中，任意打开一张画布，导入临摹的图片（见"1"标），在上方新建图层，画九宫格。然后左滑"参考图"和"参考图九宫格"图层并复制（见"2"标），将复制得到的图层拖动到画面右侧，对参考图进行阿尔法锁定后涂上淡黄色（见"3"标）。

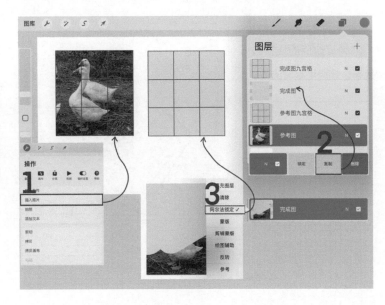

抓型

在参考图上新建"参考线稿"图层，画出大致轮廓，描出主要相交点，尽量用长直线来切形，用几何来概括形状。然后在完成图上新建"完成线稿"图层画出同样的外轮廓和相交点。注意观察定点位置、线的斜率等特征。

检查

画完后，复制"参考线稿"图层（紫色）并移动到"完成线稿"图层上方，适当降低不透明度后叠图检查，找到概括的误差并修正。

线稿完善和上色

将修改后的线稿进行完善，还原毛茸茸的鹅。

可以根据完善后的线稿上色，熟练时也可以在概括线稿的基础上直接上色。

用"干油墨"笔刷快速铺上固有色（下左），然后增加二分阴影（下中），再根据鹅的特征增加闭塞阴影（下右）。当画面内容足够丰富时，上色到左2图中的程度即可。

结构性练习法：原理练习

优点：通过分析一种动物结构归纳出一类动物的绘画规律，更科学高效。

缺点：对动物身体结构认知、空间结构能力要求高。

将动物分为小型动物、中型动物、大型动物，并选取相应的代表做结构性练习示范。

小型动物

根据结构画出公鸡特征，例如鸡冠、鸡羽等来完善线稿。

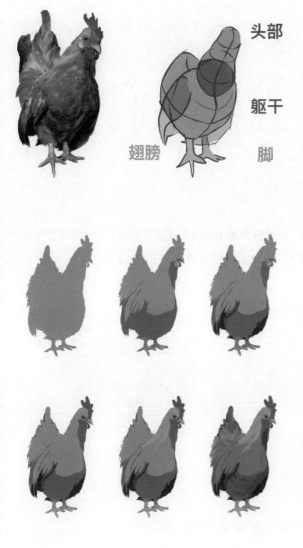

上色过程全程使用"干油墨"笔刷，图层详情见后文。

先根据线稿画出鸡的剪影（左1）；然后添加剪辑蒙版画二分阴影，设定阴影色相偏蓝紫色，图层模式选择"正片叠底"（左2）；接着以同样的方式画出公鸡的闭塞阴影（左3）。

画出鸡头和鸡冠（左1）；顺着鸡脖子的毛发生长方向，用亮黄色画出该处颜色变化（左2）；用稍暗的橙黄色画出鸡身子的颜色，再顺着鸡尾巴和鸡肚子方向画出毛发纹理（左3）。注意鸡尾巴处一方面可以选择偏暗、偏灰的橙黄色来平衡冷暖，另一方面可以选择更纯、更暖的橙红色来呼应鸡冠。

最后在鸡翅膀和鸡脖子受光强烈处增加高光。

中型动物

根据结构画出羊的特征，例如尖尖的耳朵、肥硕的身体等来完善线稿。

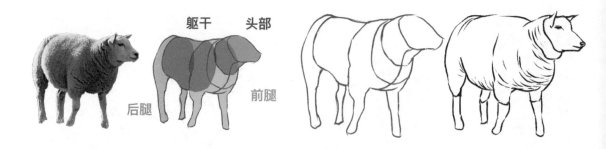

上色过程全程使用"干油墨"笔刷，图层详情见后文。

先根据线稿画出羊的剪影（下左）；添加剪辑蒙版，用暖白色画出四肢和头部（下中）；然后添加剪辑蒙版画阴影，在身体结构转折明显处可以加深阴影颜色，图层模式选择"正片叠底"（下右）。

最后画出羊身上的纹理和脸部细节，图层模式选择"正片叠底"，让纹理更自然。

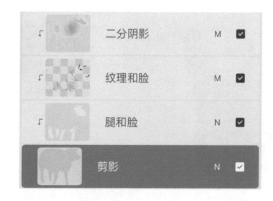

	二分阴影	M	☑
	纹理和脸	M	☑
	腿和脸	N	☑
	剪影	N	☑

大型动物

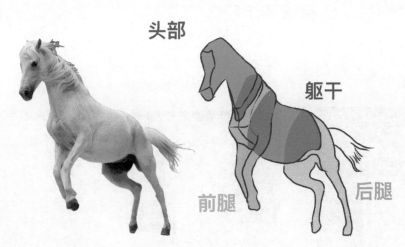

和中小型动物相比，大型动物毛发特征弱化，有更明显的肉感。根据结构画出马的特征，例如马鬃、马尾等来完善线稿。

上色过程全程使用"干油墨"笔刷，图层详情见后文。

先根据线稿画出马的剪影（下左）；新建图层，用棕色画出马鬃和眼鼻，可以分簇画鬃毛并加上高光，避免过于杂乱（下中）；然后为"剪影"图层添加剪辑蒙版画二分阴影，图层模式选择"正片叠底"（下右）。

添加剪辑蒙版画马的闭塞阴影（下左）；画马尾和马腿的色彩变化，以及肌肉隆起产生的高光等（下右）。

● 3.7.2 动物的正比例绘画示范

简单示范 – 猫

画出概括线稿。

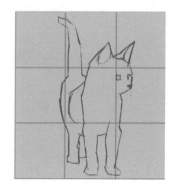

上色过程全程使用"干油墨"笔刷，图层详情见后文。

先根据线稿画出猫的剪影，以及猫的眼鼻（下左）；为"剪影"图层添加剪辑蒙版画二分阴影，图层模式选择"正片叠底"（下中）；为"剪影"图层添加剪辑蒙版画黄毛（下右）。

再添加黑色花纹，完成上色。

简单示范 – 狗

画出概括线稿。

上色过程全程使用"干油墨"笔刷，图层详情见后文。

先根据线稿画出狗的剪影，以及狗的眼鼻口（下左）；为"剪影"图层添加剪辑蒙版画狗绳（下中）；刻画狗绳花纹（下右）。

为"剪影"图层添加剪辑蒙版画二分阴影，图层模式选择"正片叠底"。

> 二分阴影在什么时候画要根据实际情况来确定。例如画猫时，先画二分阴影，再画花纹，这是因为花纹不影响阴影的生成；画狗时，先画狗绳再画二分阴影，因为狗绳勒住狗狗会产生阴影。

简单示范 – 群鸟

当画面中元素较多时，安排好元素的分布比画好单个元素更重要。下图中用简单的线段概括出鸟的头、身、翅膀的动态线，作为线稿辅助绘画。

 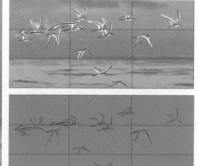

上色过程全程使用"干油墨"笔刷，图层详情见后文。

先根据线稿画出鸟群的剪影，注意头、身、翅膀的外形尖锐处和线稿动态线的方向一致。

为"剪影"图层添加剪辑蒙版画二分阴影，图层模式选择"正片叠底"。

添加头部细节。

● 3.7.3 动物的变形绘画示范

除了正比例绘画方式，还可以改变动物的身形比例等外形特征，使其更诙谐可爱，突显个人风格与特色。

以猫为例

上色时，只需要简单地平涂色块。

以狗为例

上色时，只需要简单地平涂色块。

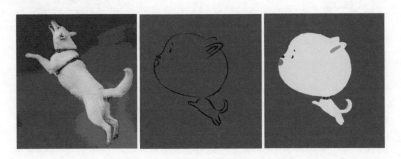

第 4 章

风景中的透视应用

在风景绘画中，我们可以将绘画对象区分为具有明显透视特征的绘画对象和不明显透视特征的绘画对象。

具有明显透视特征的绘画对象：人造景观如建筑、交通工具等。这类对象严格遵循一、二、三点透视的作画原理，即本章着重讲解的内容。

具有不明显透视特征的绘画对象：山川河流等自然景观。虽然没有严格遵循一、二、三点透视的作画原理，但是依然要遵循透视的基本规律，可以结合观察视角和画面远中近的层次去增强画面空间感。

透视的基本规律

近大远小　近疏远密　近实远虚

近大远小：右图中近处的铁轨看起来比远处的更宽、更粗。因此在画同等大小元素时，要根据元素所在位置进行近大远小处理。

近疏远密：右图中近处铁轨之间的距离看起来更大，远处铁轨之间的距离看起来更小。因此在画规律排列的物体时，要根据物体所在位置进行近疏远密处理。

近实远虚：近处的物体细节更多，色彩更强烈，远处的物体看起来更概括，色彩更清淡。因此在绘画时注意区分远近，多对远处的元素做概括，多对近处的元素做细化。

观察视角

俯视　平视　仰视

视平线（绿色）：沿画者视线方向的线。

地平线（蓝色）：地面与天空的分割线。

在绘画中，地平线往往对应着画者直视前方时的视线。从透视的角度解释，在足够远处，物体会近乎消失成一个点（消失点），所有足够远处的东西汇聚在一起成为无数个消失点，这些消失点汇成了一条线，就是我们目视最远处的地平线。

图中小人低头俯视，会导致视平线低于地平线；图中小人平视，会导致视平线、地平线齐平；图中小人仰视，会导致视平线高于地平线。

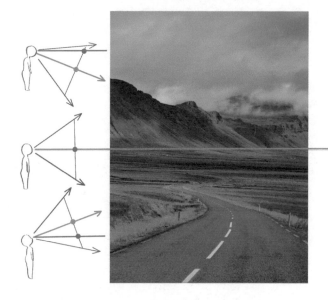

分析下面一组图片，试着判断画面的视角。

在图中标出对应的视平线（黄色）与地平线（紫色）。其中，视平线即画面的横向中线，地平线即地面与天空的分割线，也是物体消失成点汇聚成的线。

左图视平线（黄色）低于地平线（紫色），故为俯视；

中图视平线（黄色）与地平线（紫色）重合，故为平视；

右图视平线（黄色）高于地平线（紫色），故为仰视。

4.1 一点透视

● 4.1.1 一点透视的原理和应用

一点透视也叫"平行透视"，主要特征是仅存在一个消失点，可以表现物体的纵深感。

右图中，所有的长方体的侧边延长线（黄线）都会相交于一个消失点（红点），且正对着我们的面（蓝色的面）不会发生透视变形。

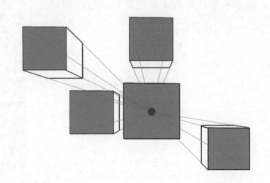

在 Procreate 软件中，可以选择"操作"—"画布"—"绘图指引"—"编辑绘图指引"。

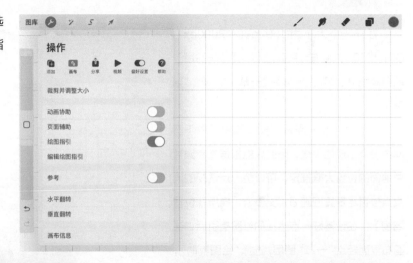

先观察上图画面，找到符合一点透视特征的元素（铁路），然后延长铁路（蓝线），最后相交于消失点（红点）。

参考左图，在上图的"绘图指引"界面下方选择"透视"，画笔轻点画面以确定消失点（蓝点），消失点所在的水平线即为地平线（蓝线）。

点击"完成"后回到画布界面，为图层选择"绘图辅助"，就可以轻松画出符合一点透视规律的线条。

● 4.1.2 Procreate 绘画步骤示范

参考照片

该参考照片内房子正面正对观者，具有
明显的一点透视特征。

线稿

打开一个大小为 1500px × 2000px、
DPI 为 400 的画布，新建图层，用"干油墨"
笔刷画线稿。线稿主要分为"一草""二草""猫
咪"。

"一草"是一点透视辅助线稿。由于画
面中没有出现地平线，因此只能根据参考照片
中地面的位置大概推定，可以将一点透视的消
失点位置尽量靠近画面视觉重心（猫所在位置
周围）。在设置好一点透视的绘图指引后，在
画布界面轻点"一草"图层，选择"绘图辅助"，
就可以画出遵循该透视点的透视线稿。

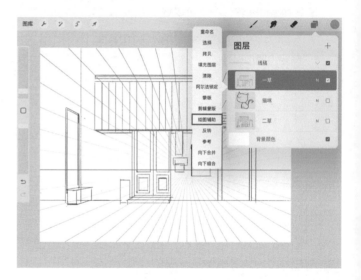

进一步完善线稿，形成"二草"线稿。"二
草"线稿主要是安排整理画面元素，把参考照
片中杂乱的花草进行简化处理。同时为了让画
面更具故事性，增加猫咪和晴天娃娃。

笔者习惯给动物和人物单独做线稿，因
此又创建了"猫咪"线稿图层。

固有色

降低线稿图层不透明度，并将其置于最上方。然后一个颜色一个图层（图层详见后文），给画面上固有色，全程使用"边缘"或者"听盒"笔刷。半墙、斜坡路、墙砖等元素的外轮廓边缘可以破碎些，不需要画得过于整齐平滑。花草的外轮廓边缘可以用点涂收边，这样看起来更灵动。

由于画面中小元素较多，且存在前后遮挡关系，所以在 iPad 存储空间允许的情况下，可以从后往前画元素，一个元素一个图层地画，这样更便于后期修改调整。

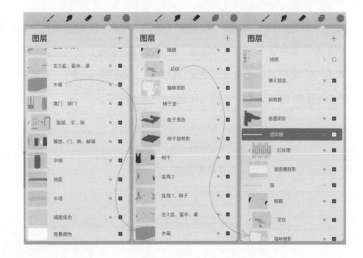

纹理

对"半墙"和"地面"图层进行阿尔法锁定，为"黄门、绿门"图层添加剪辑蒙版，用"斯提克斯"笔刷随意简单扫涂几笔画上肌理。注意画墙面和门的肌理时要沿着竖直方向扫涂，画地面的肌理时要沿着水平方向扫涂。

肌理的色彩要和底色有所区别。门本身的颜色饱和度较高，因此纹理选色要稍亮、稍灰。墙面和地面本身饱和度较低，因此选色要稍暗、稍纯。

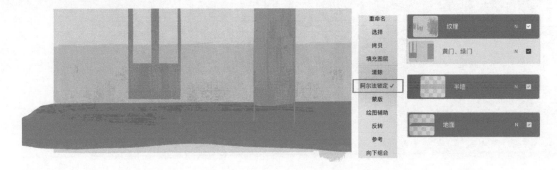

　　为"斜坡路"图层添加剪辑蒙版，用"边缘"笔刷先画铺路石，不需要完全画满，在视觉重心处和留白较多处集中画几处即可。

　　色彩上，在底色基础上选择更亮的颜色，营造凸出的效果。然后对"铺路石"图层进行阿尔法锁定，随机将铺路石颜色扫涂出偏蓝或者偏紫的效果。

　　接着新建图层画铺路石的阴影，直接吸取路面底色，图层模式选择"正片叠底"，用"边缘"笔刷画出不规则方框即可，分布类似于铺路石。

　　分别为小物件添加纹理，选择"听盒"笔刷，注意沿着物件结构方向来画。这类纹理的配色原则是近似色配色，可以吸取底色后选择"正片叠底"图层模式来上色；也可以在色盘上直接选取更纯、更暗的颜色，色相上稍做变化，尽量与环境中邻近的元素的色彩有呼应。例如黄门上的阴影颜色可以选取偏红的黄色，和粉红墙相呼应；灰色门砖上的阴影选择偏蓝的灰色，和蓝色门牌相呼应。

> 　　注意，环境中色彩的调和方向并不唯一，例如灰色门砖可以选择和绿门呼应，也可以选择和蓝牌呼应，最终的选择取决于个人审美倾向。

双指捏合"猫"和"椅子垫"的相关图层，然后将合并的"猫和垫子"图层不透明度降低后擦出椅子把手，再将图层不透明度提高到100%，就能画出猫坐在椅子上的感觉。

由于遮雨棚的受光差异，颜色上下呈现不一。吸取"红纹理"图层中的红色，上方靠近阳光因此颜色更暖，选择浅黄色；下方远离阳光因此颜色更冷，选择深紫色，然后用"软画笔"笔刷混色。对"红纹理"图层进行阿尔法锁定，然后吸取调色后的颜色用"听盒"笔刷上色。

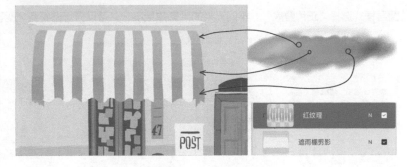

单色粉墙比较腻，可以加些灰调中和。选择"听盒"笔刷，新建"色彩纹理"图层，在粉墙留白较多的右上方画出灰调范围，感觉就像是画海滩上的海浪一样，有层次地融入灰调。

色彩上参考原图的水泥色，混入灰蓝色用剪辑蒙版依次上色在绿色、蓝色、紫色线条标记的灰调范围内。

光影

为了让画面更生动，设定光从左前方射入，用最简单的二分法给场景打光。阴影颜色选择比较跳脱的青色，和粉墙形成鲜明对比，使画面更加活泼。

先画玻璃的光影，全程使用"边缘"笔刷。添加剪辑蒙版，先画出遮雨棚在玻璃上的倒影，然后给玻璃随机增加阴影，将"玻璃门倒影""玻璃门阴影"图层模式修改为"正片叠底"，最后画出玻璃的高光。

再画物体本身的二分光影。

先为"篱笆、门、牌、邮箱"图层添加剪辑蒙版，用"边缘"笔刷画出邮箱、台阶石、门处的阴影（红色箭头），图层模式选择"正片叠底"。不同元素的阴影效果不一，可以自行调整青色阴影的明度。

同样地，用"边缘"笔刷画出木箱、晴天娃娃、桌子等元素的二分阴影。根据 iPad 可用图层数量，在相关元素所在图层上方添加剪辑蒙版来画对应阴影，也可以直接新建一个图层来统一画各种阴影。

继续用"边缘"笔刷画物体在墙面的投影。

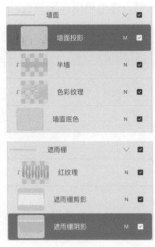

完成图

　　在最上方新建图层，三指下滑选择"全部拷贝"，然后再三指下滑选择"粘贴"，就会得到完整的完成图图层，选中该图层，在画布界面点击"调整"－"杂色"，将杂色设置为6%。

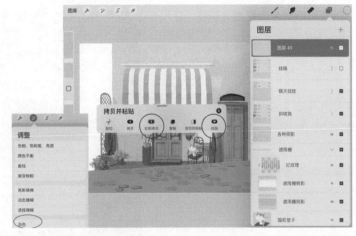

　　由于左边留白较多，简单裁切后完成图如右图所示。

● 4.1.3 作品赏析

当然，你也可以保留线稿，用更
轻松的线条表现画面。

还可以结合仰视或者俯视，让一
点透视的视觉表现力更强。

4.2 二点透视

4.2.1 二点透视的原理和应用

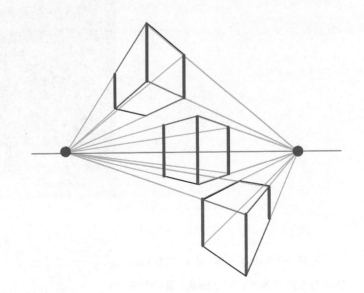

二点透视也叫"成角透视"，主要特征是存在两个消失点，多用于表现建筑的体积感。

右图中，仅有一组线条（蓝线）垂直于画面水平线，其余两组线条向两边延伸（黄线）而相交于两个消失点（红点）。

在 Procreate 软件中，和一点透视类似，我们可以选择"操作"—"画布"—"绘图指引"—"编辑绘图指引"，在操作界面中选择"透视"。

先观察下方左图画面，找到符合二点透视特征的元素（木屋），然后延长木屋长方体部分的边线（蓝线）相交于两个消失点（红点）。

参考下方左图，画笔轻点画面以确定消失点（蓝点），两个消失点所在的线即为地平线（蓝线）。

点击"完成"后回到画布界面，为图层选择"绘图辅助"，就可以轻松画出符合二点透视规律的线条。

● 4.2.2 Procreate 绘画步骤示范

参考照片

线稿

打开一个大小为1500px × 2000px、DPI 为 400 的画布，新建图层，用"干油墨"笔刷画线稿。线稿主要分为"一草""大环境线稿""人物线稿"。

"一草"是二点透视辅助线稿。

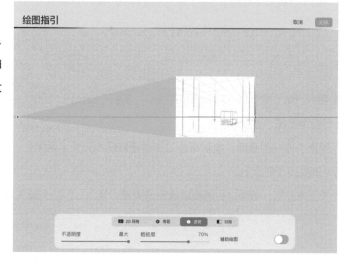

进一步完善线稿，形成"大环境线稿"和"人物线稿"。本小节完成图保留线稿，因此线稿较细致。

远景

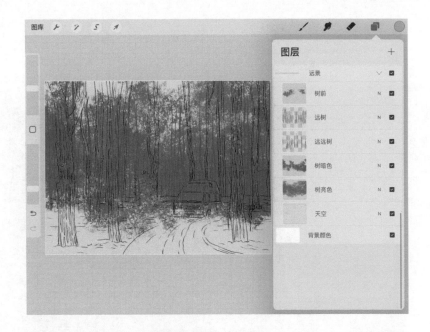

拖动青色填充画布来画天空。

用"烧焦的树"笔刷点涂画出树的亮色。

用"烧焦的树"笔刷点涂在树林底部画出树的暗色。

用"大映卡"笔刷画出更远处的树干，并对"远树"图层进行阿尔法锁定，用"软画笔"笔刷稍加深树干底部。

用"大映卡"笔刷画出远处的树干，并对"远树"图层进行阿尔法锁定，用"软画笔"笔刷稍加深树干底部，在顶部薄涂环境中树的颜色。

用"烧焦的树"笔刷在"树前"图层点涂。

雪地

根据线稿用"大映卡"笔刷铺雪地底色，然后对"雪地"图层进行阿尔法锁定，画出雪地阴影纹理。

用"听盒"笔刷在近景的道路上画更深的阴影。

地上

按照从后到前的顺序，用"大映卡"笔刷依次画出"层1树""层2树""层3树""层4树"图层中的树干固有色，色彩要遵循从暗到亮、从红到黄的变化趋势，形成一种包围感。

新建图层，用"听盒"笔刷画出地面的横木、枯枝和嫩叶。

分别为不同层次树干所在图层添加剪辑蒙版，用"听盒"笔刷画出树干的丰富色彩。一方面是根据阴天光影，给树干凹凸不平处增加冷色阴影（红色箭头）；另一方面是给视觉重心处的树干增加暖色倾向（红圈处）。

用"听盒"笔刷点涂出小松树剪影，再为"小松林"图层添加剪辑蒙版画出阴影。

车

用"听盒"笔刷画出轮胎、车壳剪影、窗户、车镜、车顶、车顶窗等的固有色，对"窗户、车镜"图层进行阿尔法锁定，在车的侧窗户上增加暖棕色的环境色。

用"听盒"笔刷画车投影，沿着窗户边缘加深颜色，在车顶侧边画上侧面阴影。

用"听盒"笔刷画车侧反光、车窗车头反光，并分别对它们所在图层进行阿尔法锁定，画出反光强弱不一的效果。

人和路牌

用"听盒"笔刷简单平涂出人
和路牌等。

完成图

● 4.2.3 作品赏析

　　右图是利用二点透视辅助画的
房子。

　　在画自然风光，房子作为点缀
的情况下，并不需要完全遵循二点
透视。

4.3 三点透视

● 4.3.1 三点透视的原理和应用

三点透视的主要特征是存在 3 个消失点，多用于高层建筑的描绘。

右图中，在二点透视的基础上，所有垂直于地面的竖线的延长线（紫线）汇集在一起，形成第 3 个消失点（红点）。

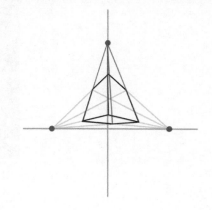

观察画面，找到符合三点透视特征的元素（高楼），然后延长高楼中长方体部分的边线（蓝线）相交于 3 个消失点（红点）。

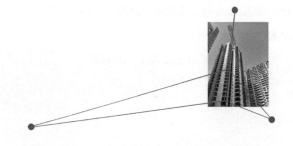

在 Procreate 软件中，和一点透视类似，我们可以选择"操作"—"画布"—"绘图指引"—"编辑绘图指引"，在操作界面中选择"透视"。参考右图，画笔轻点画面以确定消失点（蓝点），并通过消失点所在的线来确定地平线（蓝线）。

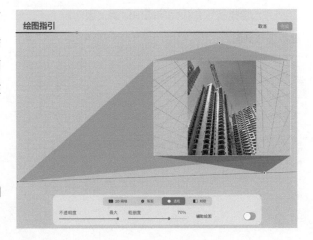

点击"完成"后回到画布界面，为图层选择"绘图辅助"，就可以轻松画出符合三点透视规律的线条。

● 4.3.2 Procreate 绘画步骤示范

参考照片

线稿

打开一个大小为1500px × 2000px、DPI 为 400 的画布，新建图层，用"干油墨"笔刷画线稿。线稿主要分为"大环境线稿"和"人物线稿"。

"大环境线稿"是三点透视辅助线稿。

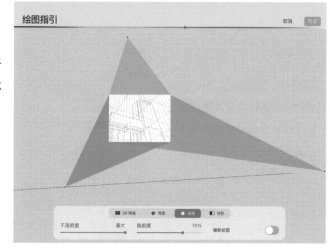

"人物线稿"会在完成图中保留，因此需细致刻画。

天

拖动天蓝色填充画布来画天空。

用"软画笔"笔刷画出天空色彩的饱和度分布，左灰右饱和。

用"水渗流"笔刷画出云朵。

对"云朵"图层添加剪辑蒙版，画出偏右、偏下的云朵的阴影。

楼

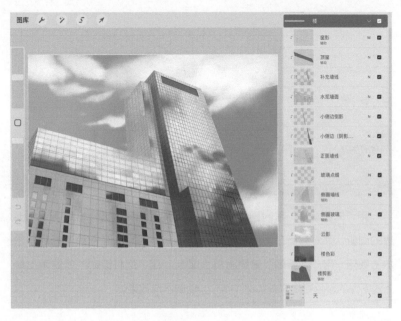

根据线稿，用"无名画笔"笔刷选择灰色画出楼的剪影。

根据光照方向，玻璃幕墙的颜色分布遵循上暖下冷、上亮下暗。据此用"软画笔"笔刷画出楼的色彩。

用"水渗流"笔刷选择灰蓝色画出墙面的云影，并对"云影"图层进行阿尔法锁定，用"水渗流"笔刷画出上亮下暗的色彩变化。

用"无名画笔"笔刷画出侧面玻璃，并对"侧面玻璃"图层进行阿尔法锁定，用"尼科滚动"笔刷画出色彩变化。

用"无名画笔"笔刷画出侧面墙线，为"侧面墙线"图层选择"绘图辅助"。

用"无名画笔"笔刷在"小侧边（阴影重）"图层中上色，并进行阿尔法锁定，用"软画笔"笔刷画出上浅下深的颜色变化。

用"无名画笔"笔刷画出小侧边的倒影，并对其所在图层进行阿尔法锁定，用"软画笔"笔刷画出上浅下深的颜色变化。

用"无名画笔"笔刷画出水泥墙面，并对其所在图层进行阿尔法锁定，用"尼科滚动"笔刷画出墙面的水渍效果。

用"无名画笔"笔刷画出正面墙线和补充墙线。并对墙线图层进行阿尔法锁定，画出光照下墙线的色彩变化。

用"无名画笔"笔刷画出玻璃点缀，即吸取比周围色彩更亮的白色画出玻璃反光。

用"无名画笔"笔刷画出顶窗。

最后用"无名画笔"笔刷沿着窗户边缘画窗的影子，图层模式选择"正片叠底"。

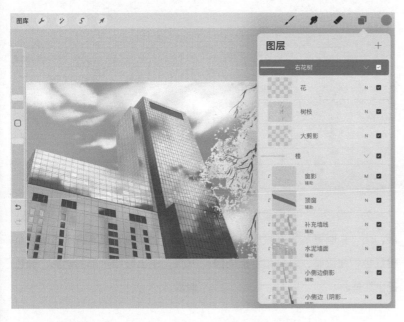

右花树

用"斯提克斯"笔刷点涂出树的大剪影，然后对"大剪影"图层进行阿尔法锁定，用"斯提克斯"笔刷再次点涂出更粉的部分。

用"干油墨"笔刷画出树枝。

用"斯提克斯"笔刷点涂出花，营造出部分花朵覆盖树枝的效果。

同理画出左边的花树。

人

用"无名画笔"笔刷画出人物的脸和手、白衬衫、袋子、头发、兔子的固有色。

为"脸和手"图层添加剪辑蒙版，用"软画笔"笔刷吸取高饱和橙红色，在眼睛、耳朵和手指周围画出红晕。

为"脸和手"图层添加剪辑蒙版，降低"无名画笔"笔刷不透明度至10%，画出脸和手部的阴影，颜色偏紫。

为"脸和手"图层添加剪辑蒙版，用"无名画笔"笔刷画眼白，色彩上选择浅紫色。

为"白衬衫"图层添加剪辑蒙版，降低"大映卡"笔刷不透明度至10%，画出白衬衫的阴影，颜色偏蓝。

为"袋子"图层添加剪辑蒙版，用"大映卡"笔刷画袋子不规则的反光，色彩上逐层变亮。

对"头发"图层进行阿尔法锁定，用"软画笔"笔刷吸取肤色，降低不透明度至 20% 后扫涂边缘。

为"头发"图层添加剪辑蒙版，用"大映卡"笔刷画头发的阴影和反光。

为"兔子"图层添加剪辑蒙版，用"大映卡"笔刷画兔子的阴影。

花瓣

用"干油墨"笔刷画飘零的花瓣。在"花瓣"图层选择左上角"调整"–"动态模糊"，选择"Pencil"模式，将部分花瓣处理得更具动感。

完成图

选择新建的"图层 46"，三指下滑屏幕选择"全部拷贝"，再次三指下滑选择"粘贴"。

左上角点击"调整"-"杂色"，选择 15%；点击"调整"-"色像差"，选择 10%，完成图如下图所示。

● 4.3.3 作品赏析

三点透视非常具有视觉
冲击力，同时也是绘画难点。

第　5　章

风景中的光影表达

 **5.1** **晴天光影**

5.1.1 晴天光影特点及表现手法

结合 2.1.2 小节学到的知识，我们可以从光的种类、光的色彩表现、光的强度来概括晴天光影特点。

光的种类

自然环境下，参考下图，晴天的光主要由以下光组成。

主光：太阳光（暖白色）。

辅光：来自天空的光线（太阳光 + 天空的颜色：蓝紫色）。

辅光：来自地面环境的反射光（太阳光 + 环境的颜色：紫色、绿色）。

下图没有画长方体的阴影，表现了理想环境中光色（仅考虑直射、一次反射）对物体色彩表现的影响。

太阳光作为硬主光，光的强度大。长方体顶面受太阳光直射（黄色箭头），因此仅呈现纯粹的太阳光色，不呈现环境光。

环境光作为软辅光，是太阳光在天空和地面环境的漫反射（蓝色、绿色、紫色箭头）产生的。光色边缘柔和且存在感低，光色一般表现在物体的背光面。

对于晴天时的室内环境，参考下页图，室内光主要由以下光组成。

主光：灯光（红色）。

辅光：太阳光（暖白色）。

辅光：来自天空的光线（太阳光 + 天空的颜色：蓝紫色）。

辅光：来自地面环境的反射光（太阳光 + 环境的颜色：绿色）。

下图没有画长方体的阴影，表现了理想环境中光色（仅考虑直射、一次反射）对物体色彩表现的影响。

灯光作为硬主光，光的强度大。灯光下方受灯光直射（红色箭头），因此仅呈现纯粹红色。

太阳光作为硬辅光，强度仅次于灯光。经过窗口直射入屋内，与红色衔接。

环境光作为软辅光，是太阳光在天空和地面环境的漫反射（蓝色、绿色、紫色箭头）产生的。光色边缘柔和且存在感低，光色一般表现在物体的背光面。

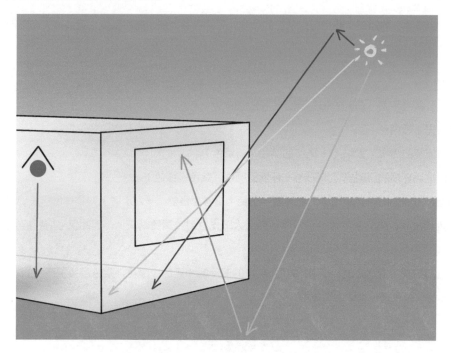

光的色彩表现

结合 2.1.2 小节中"光的色彩分析"中三面五调的调色思路以及光源的色彩分析，简单给球上个色。先画出球体固有色（红色），再根据光照方向分图层画出对应的受光面（阳光的颜色：暖白色）、背光面（设定蓝色天光＋球体颜色＋黑色：蓝紫色）和投影（设定蓝色天光＋球体颜色＋地面颜色＋黑色：灰蓝紫色）。

调色思路见下图，用气笔修饰系列的"软混色"笔刷，可以达到像水彩颜料一样的调色效果。

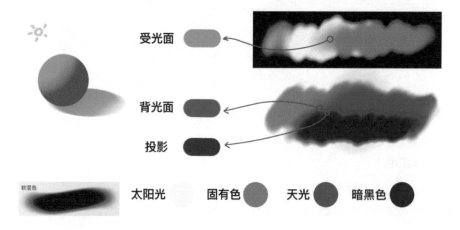

在 Procreate 软件中，我们可以通过图层属性来辅助调色。对"背光面"和"投影"图层使用 "正片叠底"模式，对"受光面"图层使用"覆盖"模式，再根据受光强弱调整图层不透明度，可以让球体色彩更准确。

"正片叠底""覆盖"等图层模式也可以用"变暗""柔光"等模式替代，大家可以自行探索。

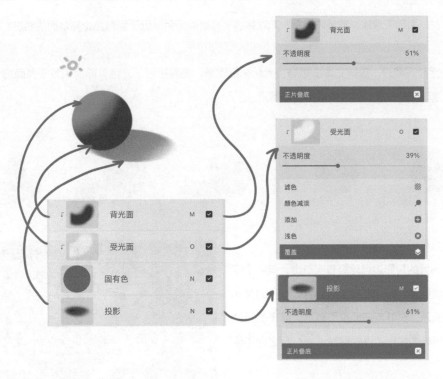

如果想进一步丰富球体的色彩，可以在投影和背光面处增加反光。假设存在绿色环境光、天光的漫反射以及球体自身红色的反光，则球体靠近哪个色光就会反射对应颜色。例如球体背光面的下部靠近地面环境光（绿色），则反光偏绿；球体背光面的上部靠近天光（蓝色），则反光偏蓝。

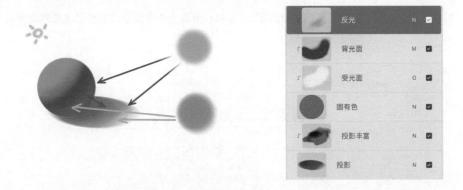

注意，环境光就像是萤火虫，只有在房间黑暗时你才会发现它；如果房间亮堂，那么这样微弱的光就会被更亮的光掩盖。因此，只需要在昏暗的阴影处刻画环境光！

光的强度

画出强烈的光感是画好明媚晴天的关键。

光照越强烈，暗面和亮面的色彩饱和度差越大，边界也越清晰。

下图中，左一为阴天球体，看起来扁平、无立体感，亮暗面颜色接近于固有色，亮暗面的明度、饱和度差小，边界轮廓模糊。

当太阳光逐渐强烈时，球体立体度增强，看起来更饱满，亮面接近于光色，暗面相较于亮面饱和度更高，亮暗面的明度、饱和度差变大，边界轮廓也逐渐清晰。

光照越强烈，投影呈现越丰富。

右图中，树叶的投影边缘轮廓有实有虚，其中虚实主要取决于光照强度、叶子离投影的远近、叶子的晃动程度。光照越强烈，树叶离墙面投影越近，叶子的晃动越不明显，则树叶的投影边缘轮廓越清晰；反之则不清晰。

在 Procreate 软件中，用"大映卡"笔刷画出树叶投影。

接着在"投影"图层选择"调整"－"动态模糊"，手指在屏幕上水平滑动以调整动态模糊程度到 6% 左右，这样投影更生动。

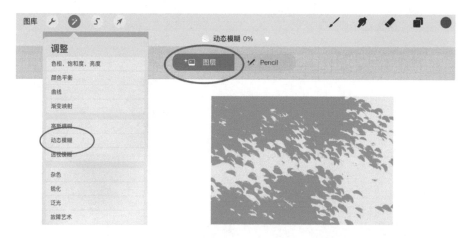

　　为了让投影有空间感，体现虚实变化，可以选择树枝末端的树叶进行"动态模糊"。在"动态模糊"界面选择"Pencil"，模糊程度在 20% 左右，然后用"软画笔"笔刷轻点想要动态模糊的地方。

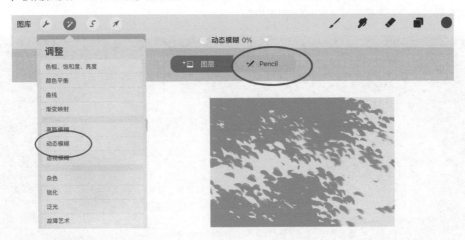

　　在浓密树荫下，会有很多圆形的光斑。这是因为小孔成像原理，即树叶间有空隙，形成一个个小孔，太阳经小孔成的实像就是光斑。

　　在 Procreate 软件中，可以用不透明度在 80% 左右的 "无名画笔"笔刷点涂出一个个光斑，然后涂抹工具选择"软画笔"笔刷，随机对光斑进行涂抹。

　　最后左滑复制"光斑"图层，将复制得到的图层设为 "覆盖"图层模式，制造发光效果。

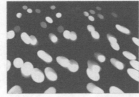

光照越强烈，明暗交界处色彩的饱和度越高。

在 2.1.2 小节中的"光的色彩分析"关于"色彩比较"的论述中，强调了强烈光照下亮暗面转折过渡的灰面呈现高饱和度色彩，在投影周围形成漂亮的高饱和边缘。

在 Procreate 软件中，可以先用任意笔刷画出投影；然后对投影进行"动态模糊"或者"高斯模糊"；接着对"投影"图层进行阿尔法锁定，用"软画笔"笔刷在投影与亮面交接处刷出墙面反光色。

画高饱和边缘的方法有两种，一种是靠"色相差"调色（下左），一种是手动用"软画笔"笔刷画出来（下右）。

选择"调整"-"色像差",移动圆点到阴影中心,确保围绕着阴影边缘均匀上色。同时用 Pencil 在画面上水平移动来确定色相和色散程度。基础较弱的同学可以用"色像差"调色的方式来画高饱和边缘,这种方式系统会自动调色,且色彩边缘上色均匀。

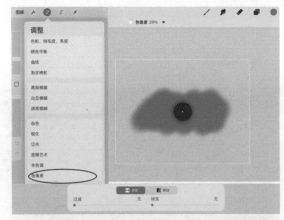

光照越强烈,光的次表面散射越强。

次表面散射多出现在半透明材质(如水果、大理石等)中,光透过表面并发生多次反射,内部颜色渗出光线,颜色变纯变亮。

在 Procreate 软件中,次表面散射的画法和阴影的高饱和边缘的画法类似。对"背光面"图层进行阿尔法锁定,然后用"软画笔"笔刷沿着背光面的边缘(蓝色箭头方向)刷上高饱和颜色(选取比固有色饱和度更高、更亮的颜色)。

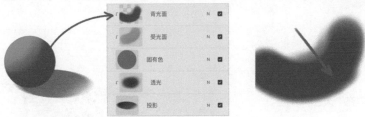

高饱和颜色的面积越大、饱和度越高,则透光感会越好,光感也会越强烈。因此,为了表现强烈光感,我们也可以在一些不透明物体上套用次表面散射,提升画面质感。

以上讲了非常多的晴天光感表现技巧,不要在同一作品中应用所有技巧,否则只会让画面显得混乱。新手不需要考虑过多的环境色影响,只需要画好画面元素最基本的素描关系,再叠用 1~2 个提高"光的强度"的小技巧,就能画好晴天。

● 5.1.2 Procreate 绘画步骤示范

参考照片

线稿

打开一个大小为 1500px × 2000px、DPI 为 400 的画布，新建图层，用"干油墨"笔刷画线稿。

天

拖动蓝紫色填充"天空"图层，然后用"尼科滚动"笔刷刷上更浅的颜色，丰富天空色彩和纹理。

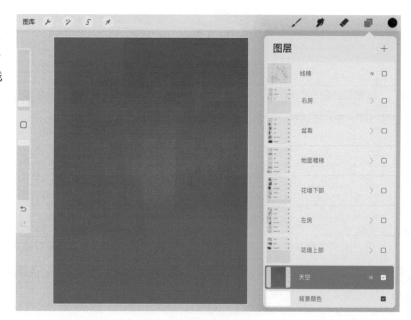

右房

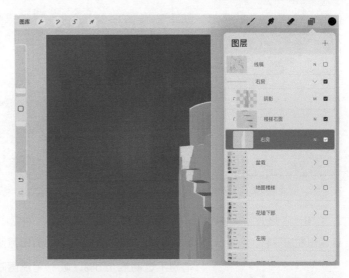

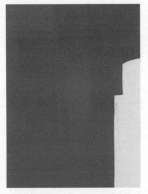

用"大映卡"笔刷快速画出右房的剪影，保留一些笔刷的粗粝感。

为"右房"图层添加剪辑蒙版，用"大映卡"笔刷画阴影，图层模式选择"正片叠底"。

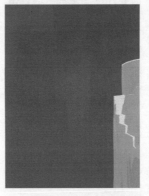

对"阴影"图层进行阿尔法锁定，用"大映卡"笔刷细化阴影，重点强调墙面纹理走向。

为"右房"图层添加剪辑蒙版，用"大映卡"笔刷画楼梯石面。

左房

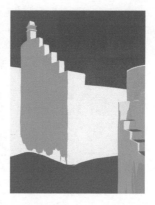

用"大映卡"笔刷快速画出左房剪影。

为"左房"图层添加剪辑蒙版，降低"大映卡"笔刷不透明度至5%，吸取紫红色画亮面，使其色彩更丰富。

为"左房"图层添加剪辑蒙版，用"大映卡"笔刷画暗面，使其色彩更丰富。

用"大映卡"笔刷画门窗剪影。

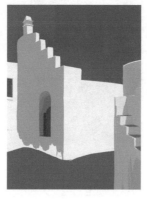

为"门窗剪影"图层添加剪辑蒙版，用"大映卡"笔刷画门的光影。

为"门窗剪影"图层添加剪辑蒙版，用"大映卡"笔刷画门窗重色部分。

对"暗面色彩丰富"图层进行阿尔法锁定，先画出墙面转折导致的暗面色彩变化。

在"暗面色彩丰富"图层上方新建"楼梯反光"图层，用"大映卡"笔刷画楼梯和盆栽的反光。

地面楼梯

用"大映卡"笔刷画路面楼梯剪影。

为"路面楼梯剪影"图层添加剪辑蒙版，用"大映卡"笔刷画井盖，并对"井盖"图层进行阿尔法锁定，丰富井盖纹理。

为"路面楼梯剪影"图层添加剪辑蒙版，用"大映卡"笔刷画白边。

为"路面楼梯剪影"图层添加剪辑蒙版，用"大映卡"笔刷、"斯提克斯"笔刷随机点涂路面，使其色彩更丰富。

为"路面楼梯剪影"图层添加剪辑蒙版，用"大映卡"笔刷画路面阴影，将"路面阴影"图层模式修改为"正片叠底"。

盆栽

用"大映卡"笔刷画小花盆和大花盆的剪影。

为"花盆小"图层添加剪辑蒙版，用"大映卡"笔刷画植被暗面。

为"花盆小"图层添加剪辑蒙版，用"大映卡"笔刷画阴影与亮面。

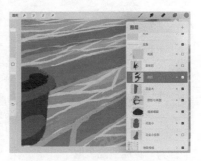

为"花盆大"图层添加剪辑蒙版，用"大映卡"笔刷画阴影。

用"大映卡"笔刷画草的剪影。

为"草剪影"图层添加剪辑蒙版，用"大映卡"笔刷画亮面。

用"大映卡"笔刷画小花盆的投影。

花墙上部、花墙下部

用"大映卡"笔刷画花墙上部的剪影，边缘处点涂以增加动感。

为"花墙上部剪影"图层添加剪辑蒙版，用"大映卡"笔刷画暗色花。

为"花墙上部剪影"图层添加剪辑蒙版，用"大映卡"笔刷画亮色花。

用"大映卡"笔刷画花墙下部的剪影，边缘处点涂以增加动感。

为"花墙下部剪影"图层添加剪辑蒙版，用"大映卡"笔刷画暗色花。

为"花墙下部剪影"图层添加剪辑蒙版，用"大映卡"笔刷画亮色花。

用"大映卡"笔刷画花墙投影，将"花墙投影"图层模式修改为"正片叠底"。

对"花墙投影"图层进行动态模糊至 5%，然后选择橡皮，降低"软画笔"笔刷的不透明度至 10%，轻擦投影边缘。

为"花墙投影"图层添加剪辑蒙版，用"大映卡"笔刷画花墙反光。

完成图

● 5.1.3 作品赏析

尝试把画光感的技法用到小景中，如右图所示。

或者用简单的明暗二分勾画晴天，如右图所示。

5.2 阴天光影

● 5.2.1 阴天光影特点及表现手法

晴天时，万物被笼罩在阳光下，给人温暖明快的感觉。夜晚时，万物隐匿在黑暗里，给人宁静神秘的感觉。

而阴天的阳光透过云层，厚厚的云层会把光线分散，形成漫射光。环境阴影看起来没有强光照射下那么明显，或者阴影被完全消除。这样的光照比较柔和，缺少情绪和力量。

对于阴天的图片素材，更多是用作绘画时的参考，用来观察环境细节和物体结构，而不是作为直接使用的绘画对象。那么如果想要画阴天场景，该如何让画面有美感又不失情绪呢？

我们可以参考 2.1.3 小节中的"配色方案"，根据想要表达的画面情绪来主观用色，将配色方案运用到阴天场景中。

色彩与画面情绪

颜色对我们的情绪和心理状态有着重要影响，颜色作为情感符号可以替我们表达感情。

黄色	红色	绿色	蓝色	紫色
• 温暖	• 兴奋	• 通透	• 冷静	• 神秘
• 灿烂	• 炙热	• 舒适	• 纯净	• 浪漫
• 辉煌	• 冲动	• 清新	• 悠远	• 忧郁

同一色相，不同饱和度、明度的配色会让色彩情绪更有指向性。

高明度容易让人感觉明亮梦幻，但是过度使用也会导致画面无力、缺乏深度；低明度容易让人感觉沉静理性，但是过度使用容易有压抑、压迫感。

高饱和容易让人感觉视觉疲劳，不适宜长时间观看，搭配不好就会缺乏高级感，导致画面杂乱无章，缺乏整体性，但同时高饱和容易吸引观众注意力，具有冲击力；低饱和让人感觉舒适放松，适合长时间观看，但是过度使用会令画面缺少重点、枯燥无味。

综合来说，高明度适合表现清新浪漫的感觉，低明度适合表现沉稳内敛的感觉；高饱和适合画视觉重心，低饱和适合画大背景。

近似色配色和互补色（对比色）配色也会给观众带来不同的视觉感受。

近似色配色看起来更平静温柔、放松和谐。

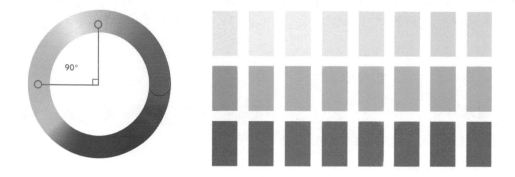

互补色（对比色）配色看起来更有活力，也更强烈，突出醒目，但运用不佳容易使画面脏且腻。

综合来说，近似色配色适合画场景背景，互补色（对比色）配色适合画视觉重心。

配色方案

当我们有了想表达的阴天场景，可以先明确自己想要表达的画面情绪，然后定主色和辅色，以及明度、饱和度的配色方案。

举个例子，针对右图，我想画出热烈而神秘的感觉。因此我决定用互补色（对比色）配色，主色选择橙、红色，辅色选择蓝色，以此表现热烈的感觉；同时大环境色调上选择中低明度、中低饱和度来平衡画面色彩强烈对比的冲突感。

为了让画面配色方案落地，可以从一些摄影作品中找配色灵感。从橙、红、蓝 3 色很容易联想到黄昏的沙滩、海岸或者火烧云，而红色的热烈和火焰又类似，因此可以找上述元素的摄影作品，并从中选择 1~3 张提取需要的颜色。

可以按照元素构成的基本颜色来提取，比如从火焰中可以提取出红、橙、黄。

也可以按照元素色彩分布中的明度高低来提取，比如从沙滩中可以提取出 4 个不同明度值的颜色。

还可以按照元素色彩分布中的色彩倾向来提取，比如从海面提取出偏暖和偏冷的蓝色。

还可以按照色彩分布中色彩的饱和度高低来提取，由于从火焰中提取的高饱和度颜色已经和沙滩、海面的低饱和度颜色形成对比，故不再重复提取。

底饱和度　　　高饱和度

明确颜色后，就可以做个简单的小色稿了。

按照空间关系从后往前画，先画天空。把海面的颜色应用在天空中，注意颜色分配上要从上到下逐渐变暖，这样和稻草地的衔接更自然。

画稻草地。把沙滩的颜色应用在稻草地中，按照从远到近的空间色彩规律，颜色分配上远处明度高、近处明度低。

为了让画面不过于压抑单调，通过饱和度对比来点亮画面。参考火光的"黄－橙－红"的色彩分布，画出绚丽的稻草。

进一步优化画面，增加飞鸟"打破"画面中天地的分界线。绘制飞鸟时可以参考火焰中迸发的火星。

● 5.2.2 Procreate 绘画步骤示范

参考照片

线稿

打开一个大小为 1500px × 2000px、DPI 为 400 的画布，新建图层，用"干油墨"笔刷画线稿。

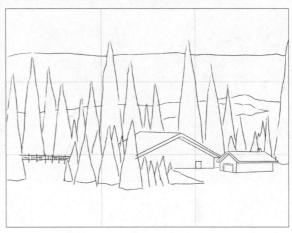

配色方案

画面情绪倾向于温柔静谧，因此我决定用近似色配色，色调选择中高明度、中高饱和度区域，主色选择蓝紫色，点缀色选择棕黄色。

从图片素材库中找类似配色和场景的图片，提取颜色并组合。

尝试用配色方案做小色稿并调试效果。

当然，小色稿也只是成稿的参考，可以在小色稿的基础上进一步调整和完善配色。

天空远山

用"大映卡"笔刷画出天空，颜色上深下浅。

用"大映卡"笔刷画出云层，并对"云层"图层进行阿尔法锁定，画出云层的颜色变化。

用"大映卡"笔刷画远山。

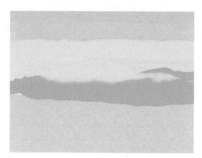

用"水渗流"笔刷画浮云，色彩和云层的色彩接近。

中远景树

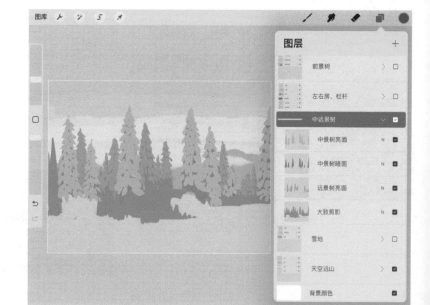

用"大映卡"笔刷根据线稿画出中远景树的大致剪影。

用"大映卡"笔刷画远景树的亮面。

用"大映卡"笔刷稍微加深中景树的暗面区域，然后画上亮面。

近景树

近景树的画法虽然和中远景树的画法相似，但作为近景，笔触刻画会细致很多，色彩也会更丰富。

用"大映卡"笔刷画近景树的暗面，并对"近景树暗面"图层进行阿尔法锁定，画出上浅下深的效果。

用"大映卡"笔刷在"近景树亮面1"图层上色，并对其进行阿尔法锁定，丰富色彩。

用"大映卡"笔刷在"近景树亮面2"图层上色，并对其进行阿尔法锁定，丰富色彩。

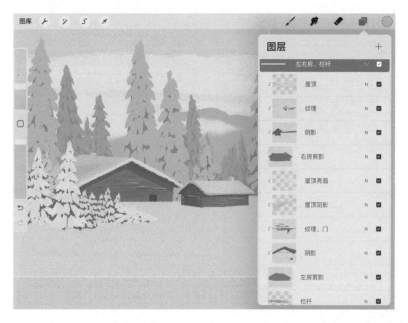

左右房、栏杆

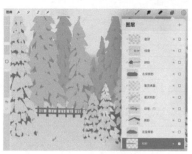

用"大映卡"笔刷画栏杆，并对"栏杆"图层进行阿尔法锁定，色彩上浅下深。

用"大映卡"笔刷画左房剪影。

用"大映卡"笔刷画屋顶阴影，并对"屋顶阴影"图层进行阿尔法锁定，画出阴影边缘的色彩过渡。

用"大映卡"笔刷画屋顶亮面，并对"屋顶亮面"图层进行阿尔法锁定，画出边缘的色彩过渡。

用"大映卡"笔刷画左房阴影。

用"大映卡"笔刷画左房纹理、门。

用"大映卡"笔刷画右房剪影。

用"大映卡"笔刷画右房屋顶，并对"屋顶"图层进行阿尔法锁定，画亮暗二分。

用"大映卡"笔刷画右房阴影。

用"大映卡"笔刷画右房纹理。

雪地

用"大映卡"笔刷画雪地。

用"大映卡"笔刷画雪地色块分布。

用"大映卡"笔刷画雪地阴影。

完成图

● 5.2.3 作品赏析

多雾的场景可以很好地表现阴天的美感。

5.3 夜晚光影

● 5.3.1 夜晚光影特点及表现手法

相较于晴天和阴天，夜晚看起来昏暗而沉闷。因此，光变得格外重要，光照亮的地方就是视觉重心，那么该如何刻画光源以及光照亮的环境呢？

月光

在自然环境中，夜晚的光通常是月光、星光、大气光等。其中月光是低强度硬光，和太阳光类似；星光、大气光可以默认是低强度软光，和天光类似。

大气光：一是低空大气对太阳光的折射光，地球自转形成昼夜，昼夜交接处天空的大气仍能接受太阳照射；二是大气对人类用光，如火光、灯光的反射光。

由于夜晚的光通常来自天空，因此绘画通常是仰视视角，地面景物多以黑色剪影形式出现。

在 Procreate 软件中，用"软画笔"笔刷画出天空，然后选择高明度、高饱和度的蓝色作为大气光。

用画笔库里的"水－水渗流"笔刷画云，用"亮度－浅色笔"笔刷画星星，围绕着云朵点出星光。

接着用"无名画笔"笔刷轻点出月亮（为了匹配环境我选择冷白色）。然后用"水－水渗流"笔刷画出月晕，图层模式选择"浅色"，营造出发光的效果。最后为"月晕"图层添加剪辑蒙版，用"水－水渗流"笔刷画出月晕外圈的红。

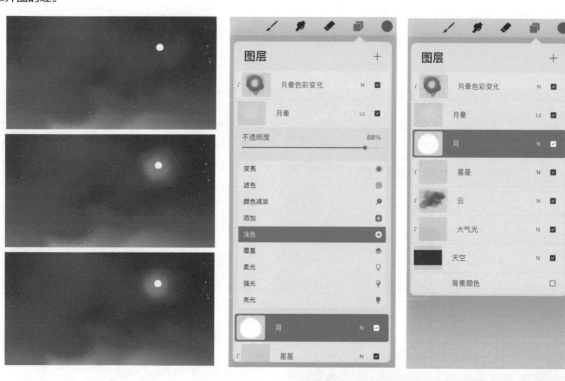

在以月亮为天空背景的大场景中，月光类似于太阳光，因此光影画法和晴天类似。但是整个氛围会更加清冷，因为月光有青色倾向。

右图没有画长方体在地面的投影，表现了理想环境中光色（仅考虑直射、一次反射）对物体色彩表现的影响。

火光

无论是烛光还是燃烧的篝火光，都可以从发光体和周围环境的角度来分析。

（1）发光体

观察烛火，其发光体呈现白－黄－橙－红的连续光谱。

连续光谱：液体或固态物质受高温激发出各种波长的光，如白炽光、日光以及烧红的铁电极和高压气体发出的各色的光，均为连续光谱。在可见光域呈现为红、橙、黄、绿、青、蓝、紫连续不断的光谱，如下图所示的色盘，火光呈现白－黄－橙－红的连续光谱。

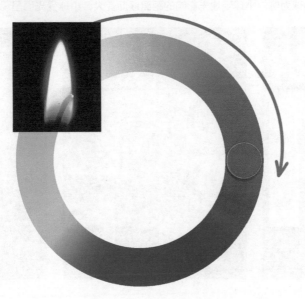

（2）周围环境

周围环境在火光的影响下，也呈现黄－橙－红的连续光谱。因此在绘画过程中，要在画面中添加连续光谱的色彩影响。需要注意的是，雪地环境中的蓝色主要来源于环境光，而非火光。发光体在分解出红光后，很难再延续到紫色、蓝色。

背光面和投影可以选择所在桌面附近的颜色，然后根据画面光强降低饱和度和明度来上色，注意将图层模式修改为"正片叠底"。在整体呈现效果上，离烛光越远，小球背光面和投影的明度逐渐降低。

如果小球的固有色为绿色，那么小球受光面呈现的就是固有色和光色的混色叠加。因为采用"正片叠底"图层模式，所以无须考虑固有色，直接套用白球背光面的取色思路即可。

以下图桌面上的白色小球为例，小球受烛光影响的距离逐渐变大，小球受光面呈现黄－橙－红的连续光谱。

 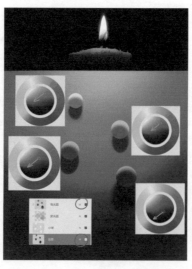 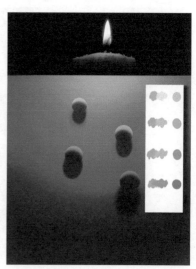

下面以篝火为例，尝试在 Procreate 中作画。

用"奥伯伦"笔刷画出被火光照亮的地面。色彩上画出黄－橙－红的连续光谱。

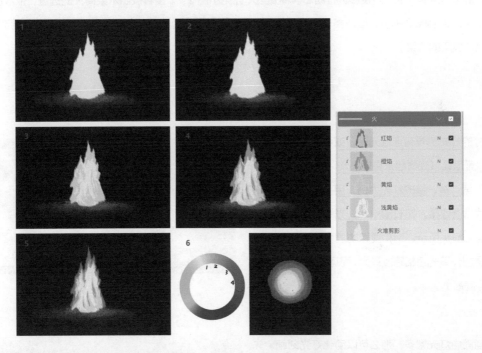

用"大映卡"笔刷吸取纯白色画出火堆剪影，并进行 2% 的动态模糊处理（详见小图 1）。然后用"大映卡"笔刷按照光谱连续画出浅黄焰、黄焰、橙焰、红焰的火焰层次（详见小图 2~5），注意画火焰时笔触由下往上提，画出火焰向上飘的趋势。在色彩上，通常可以直接在色盘 1、2、3、4 处选择高饱和度的颜色（详见小图 6），但是由于火堆的火焰边缘透光，因此橙焰、红焰的色彩饱和度和明度会相对降低。

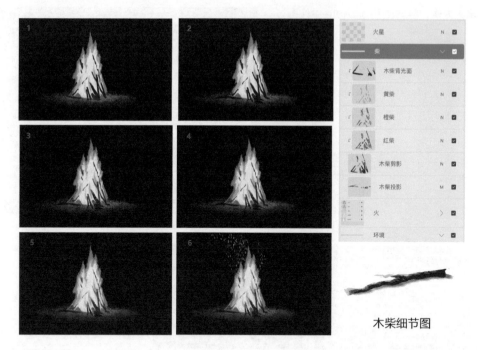

木柴细节图

用"大映卡"笔刷画出木柴剪影，色彩上可以选择低明度的红棕色（详见小图1）。然后根据木柴的受光情况，画出木柴投影和木柴背光面，对投影进行动态模糊处理（详见小图2）。接着按照木柴离火的远近，依次画出红柴、橙柴、黄柴（详见小图3~6），画法类似于地面的火光。注意黄柴的颜色可以和黄焰、橙焰接近，营造出靠近火堆的柴火正在燃烧的效果。

灯光

大部分的灯光也具有连续光谱，或者说，利用连续光谱原理，可以让灯光看起来更明亮动人。

以红、蓝、黄、绿的灯光为例，用"软画笔"笔刷画出其连续光谱效果，如右图所示。光晕从内到外，色相变化如蓝色箭头所示，饱和度和明度变化如红色箭头所示。可以看出，黄光色相跨度最大，而远离黄光的蓝光、红光色相跨度最小。

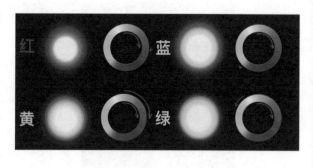

如果画面中灯光繁多，那么可以简化灯光刻画。先用"软画笔"笔刷画出灯光的形状，再新建图层，降低"软画笔"笔刷不透明度后轻扫以点亮灯光，图层模式可以选择"添加"等发光模式。

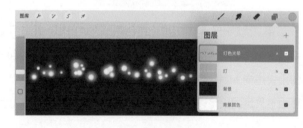

也可以选择笔刷库内"亮度"系列的笔刷，一步到位画出灯光。

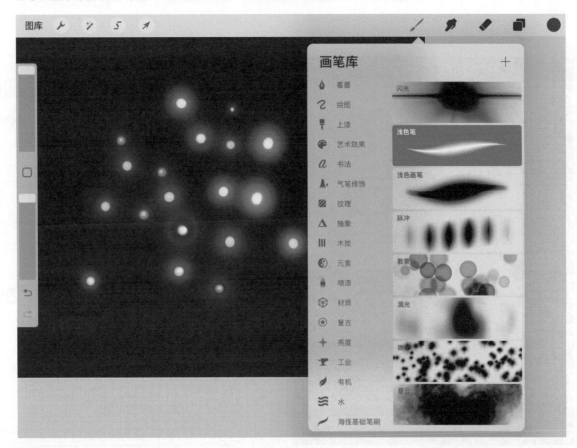

由于灯光的种类不同、照射方式不同，因此无法将其归类为硬光源或者软光源。很多情况下，夜晚环境中既有软光也有硬光。

其中画面的视觉重心往往处于画面最亮处，主要受硬光影响，因此具有晴天光影的一系列特征。

- ●受光面边缘清晰。
- ●投影、阴影边缘清晰。
- ●受光面、背光面之间的明暗差异大。
- ●影子富有虚实变化。
- ●可能出现次表面散射。

　视觉重心以外的场景主要受软光影响，因此具有阴天光影的一系列特征。

- ●受光面和背光面之间边缘模糊。
- ●投影边缘模糊。
- ●受光面、背光面之间的明暗差异小。
- ●整体明度低于视觉重心处。

● 5.3.2 Procreate 绘画步骤示范

参考照片

线稿

打开一个大小为 1500px × 2000px、DPI 为 400 的画布，新建图层，用"干油墨"笔刷画线稿，线稿中绿色部分为树的大概轮廓定位。

海天与左树

用"尼科滚动"笔刷画出天空，可以在画面中心刷上饱和度更高的蓝紫色以强调重点。

用"听盒"笔刷刷上明度稍低的蓝色作为山海的剪影。

为"山海"图层添加剪辑蒙版，用"听盒"笔刷画面海面反光。

用"烧焦的树"笔刷点涂画出左树。

对"左树"图层进行阿尔法锁定，在面积较大的树冠上扫更深的颜色以增加立体感。同时选择橡皮，用"斯提克斯"笔刷擦出边缘的动态感。

沙滩

用"大映卡"笔刷画出沙滩剪影。

选择画笔库中"木炭"中的"碳棒"笔刷，依次画过渡圈、红外圈、橙中圈、黄内圈的光晕，色相依次为紫、红、橙、黄，明度逐渐提高。

用"软画笔"笔刷加深沙滩边缘，同时图层模式选择"正片叠底"。

远处伞椅

用"大映卡"笔刷画出伞的剪影。

为"一群伞"图层添加剪辑蒙版，用"大映卡"笔刷画出群伞颜色，越靠近光，伞的明度越高。

用"听盒"笔刷画出椅子，并为"椅子"图层添加剪辑蒙版，画出椅子颜色。

用"大映卡"笔刷画亭后伞的剪影，并为"亭后伞"图层添加剪辑蒙版，画出其阴影。

亭子

用"大映卡"笔刷画出亭子剪影，并为"亭子剪影"图层添加剪辑蒙版，画出顶棚阴影。

为"亭子剪影"图层添加剪辑蒙版，用"大映卡"笔刷画出亭子内部的灯光氛围。

为"亭子剪影"图层添加剪辑蒙版，用"大映卡"笔刷画出亭子内部的柱子阴影。

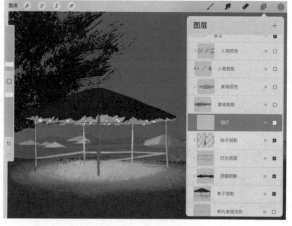

用"边缘"笔刷点出亭子中的圆灯。

用"大映卡"笔刷画出桌椅剪影。

为"桌椅剪影"图层添加剪辑蒙版，用"大映卡"笔刷间或刷上橙色与黄色。

用"大映卡"笔刷画人物剪影。

为"人物剪影"图层添加剪辑蒙版，用"大映卡"笔刷画出人物头发、衣服等元素的颜色。

在"亭子剪影"图层下方新建"亭内桌椅投影"图层，图层模式选择"正品叠底"，用"大映卡"笔刷简单画点投影线条。

树干、沙发、右树

用"烧焦的树"笔刷点涂画出
右树，处理方法和画左树类似。

用"大映卡"笔刷画出三角沙发，
并对"三角沙发"图层进行阿尔法
锁定，画二分阴影。

用"大映卡"笔刷画树干剪影。

为"树干"图层添加剪辑蒙版，
用"大映卡"笔刷画靠近亭子部分
的树干上的光影。

伞和沙发、前景树叶、光晕

　　用"大映卡"笔刷画出中伞的剪影，然后对"中伞"图层进行阿尔法锁定并丰富颜色。

　　为"中伞"图层添加剪辑蒙版，用"软画笔"笔刷刷上蓝色，图层模式调整为"正片叠底"，营造出夜晚效果。

　　用"大映卡"笔刷画出前伞的剪影，然后对"前伞"图层进行阿尔法锁定并丰富颜色。

　　为"前伞"图层添加剪辑蒙版，用"软画笔"笔刷刷上大范围蓝色，用"大映卡"笔刷刷伞前小范围的更重的蓝色，图层模式调整为"正片叠底"以营造出夜晚效果。

用"大映卡"笔刷画三角沙发，并对"三角沙发"图层进行阿尔法锁定，画二分阴影。

为"三角沙发"图层添加剪辑蒙版，用"软画笔"笔刷给沙发加暗色，将"加暗色"图层模式设为"正片叠底"。

用"烧焦的树"笔刷在亭子前点涂画出前景树叶。

新建图层，用"软画笔"笔刷在亭子处画光晕，将"光晕"图层模式设为"覆盖"。

返回"沙滩"图层组，用"大映卡"笔刷画树、沙发等的投影，将"树、沙发等的投影"图层模式设为"正片叠底"。

完成图

选择新建的"图层48"，在屏幕
上三指下滑选择"全部拷贝"，再次三
指下滑选择"粘贴"。

在左上角点击"调整"–"杂色"，
选择10%，点击"调整"–"色像差"，
选择7%，完成图右图所示。

● 5.3.3 作品赏析

　　雪雾天气通常适合使用近似色配色，可以营造出干净、静谧的画面。